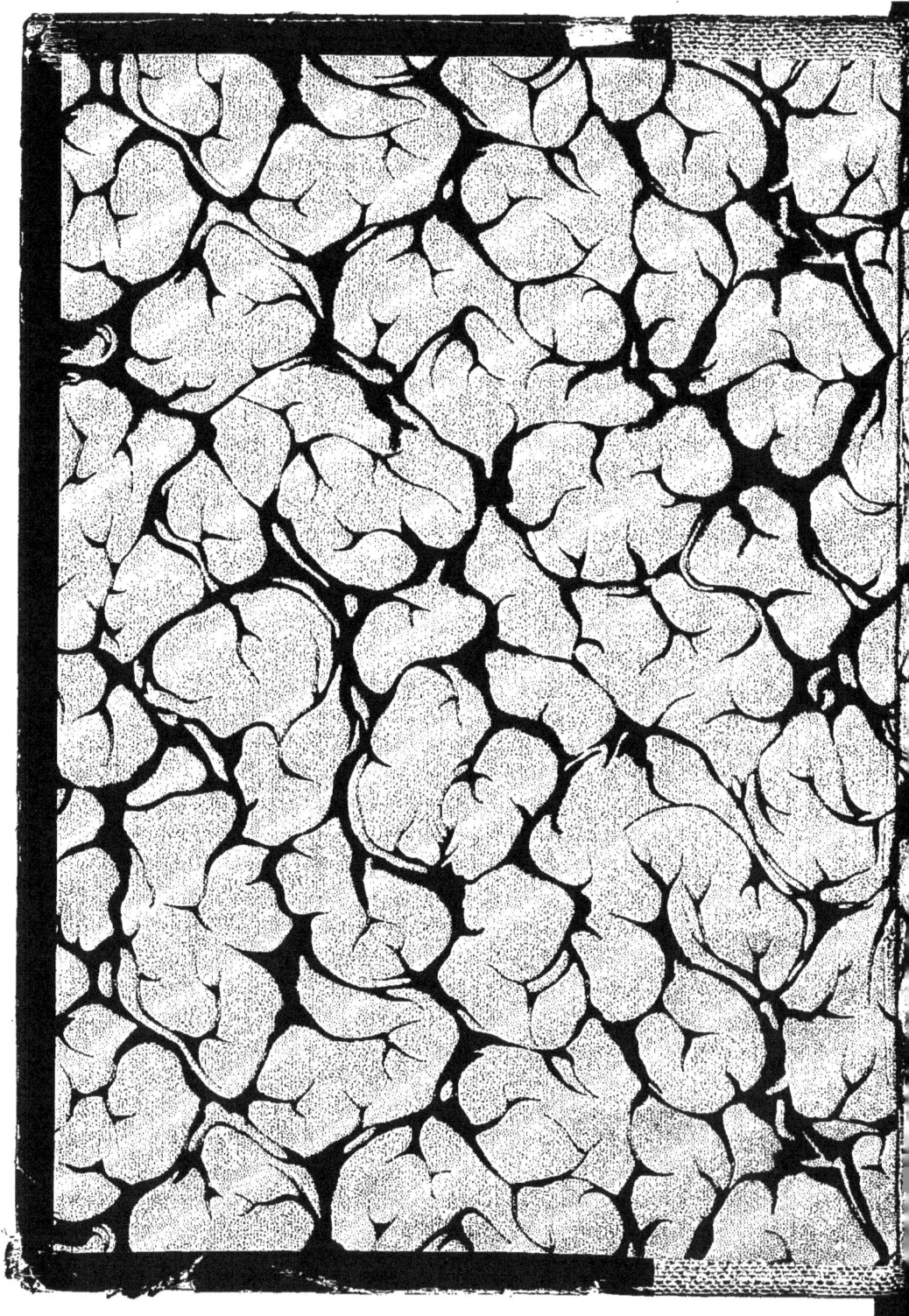

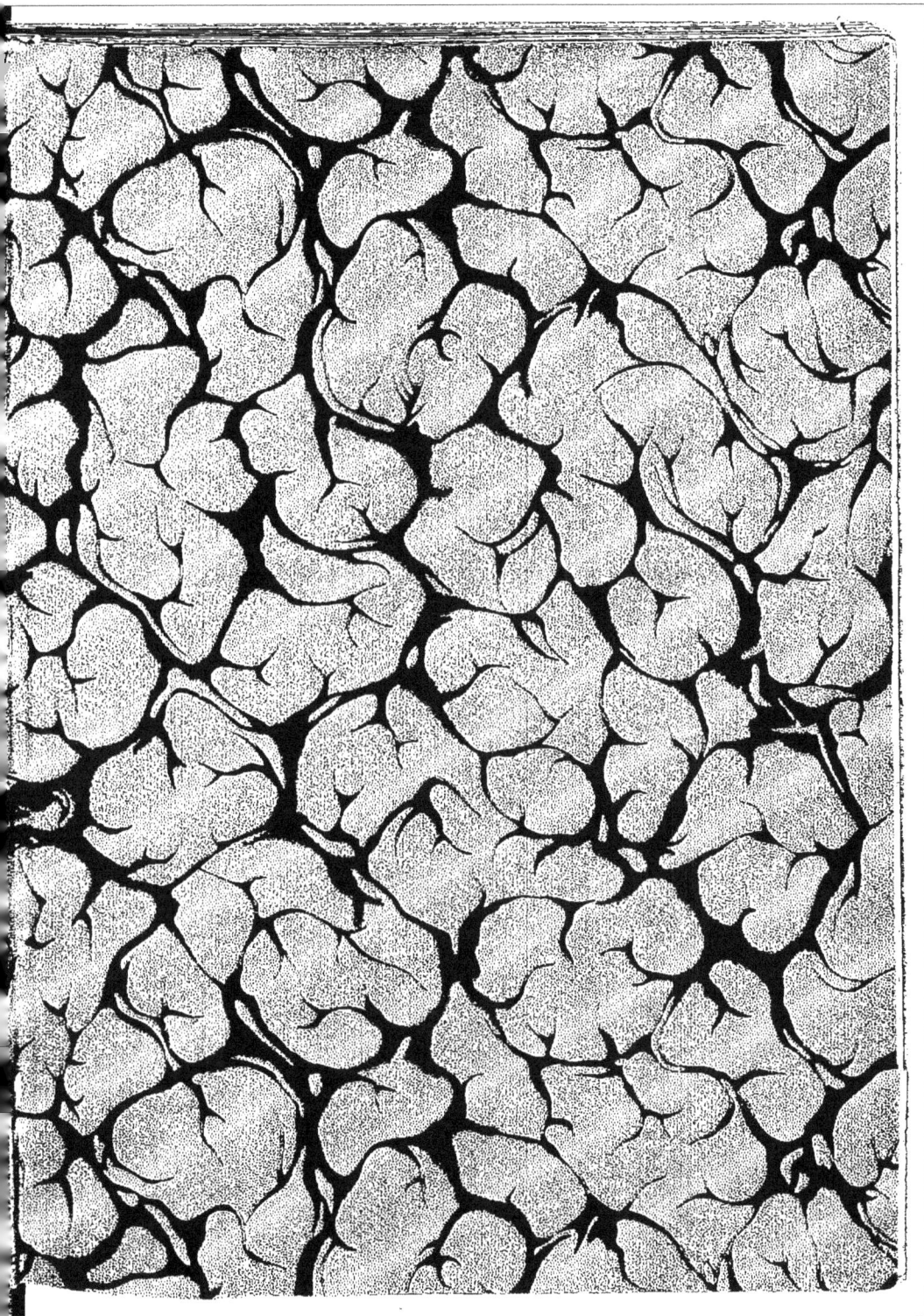

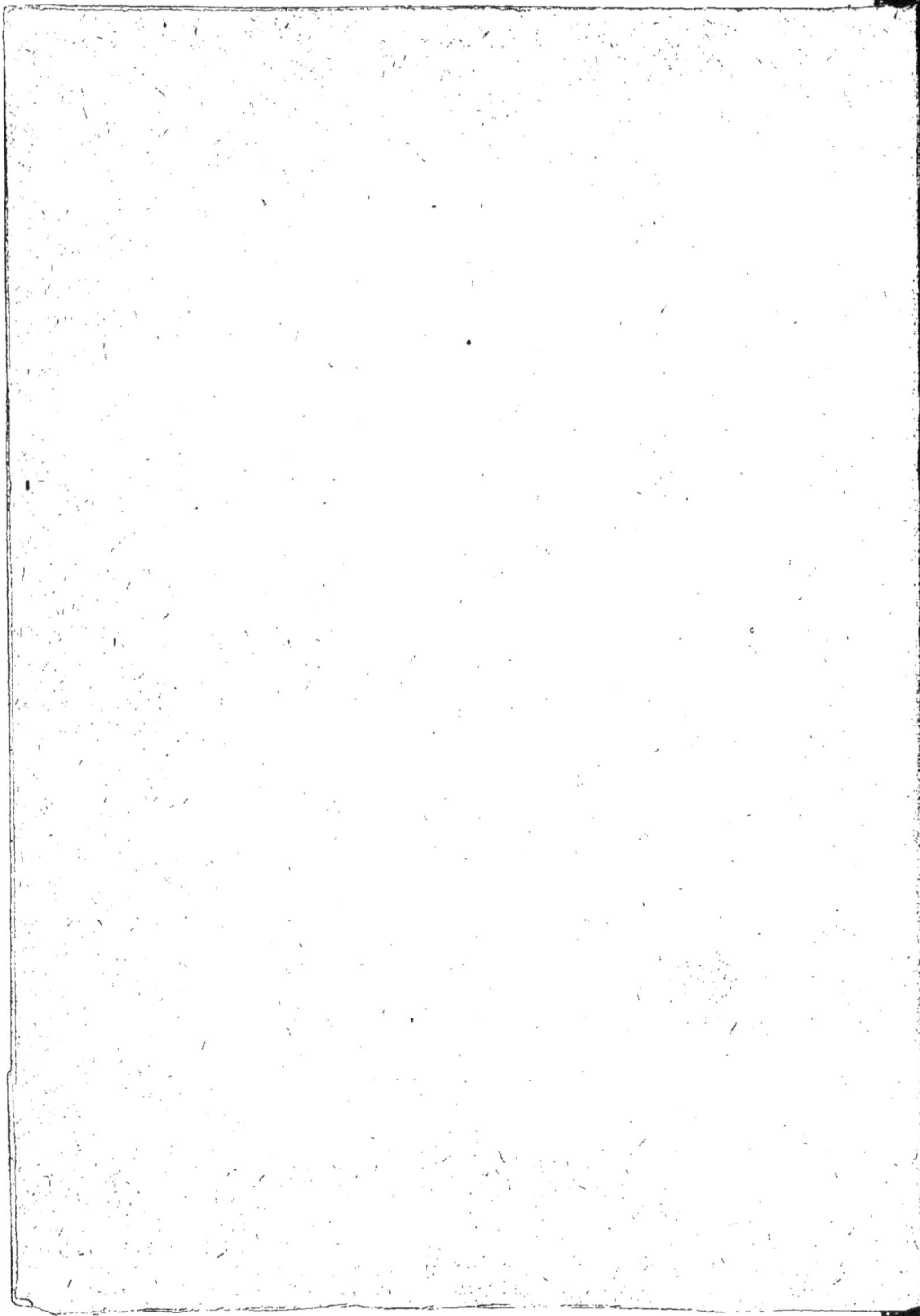

MUSÉE NATIONAL DU LOUVRE

DÉPARTEMENT DES ANTIQUITÉS
GRECQUES ET ROMAINES

CATALOGUE SOMMAIRE

DES

MARBRES ANTIQUES

PARIS
MUSÉES NATIONAUX
PALAIS DU LOUVRE

1922

CATALOGUE SOMMAIRE

DES

MARBRES ANTIQUES

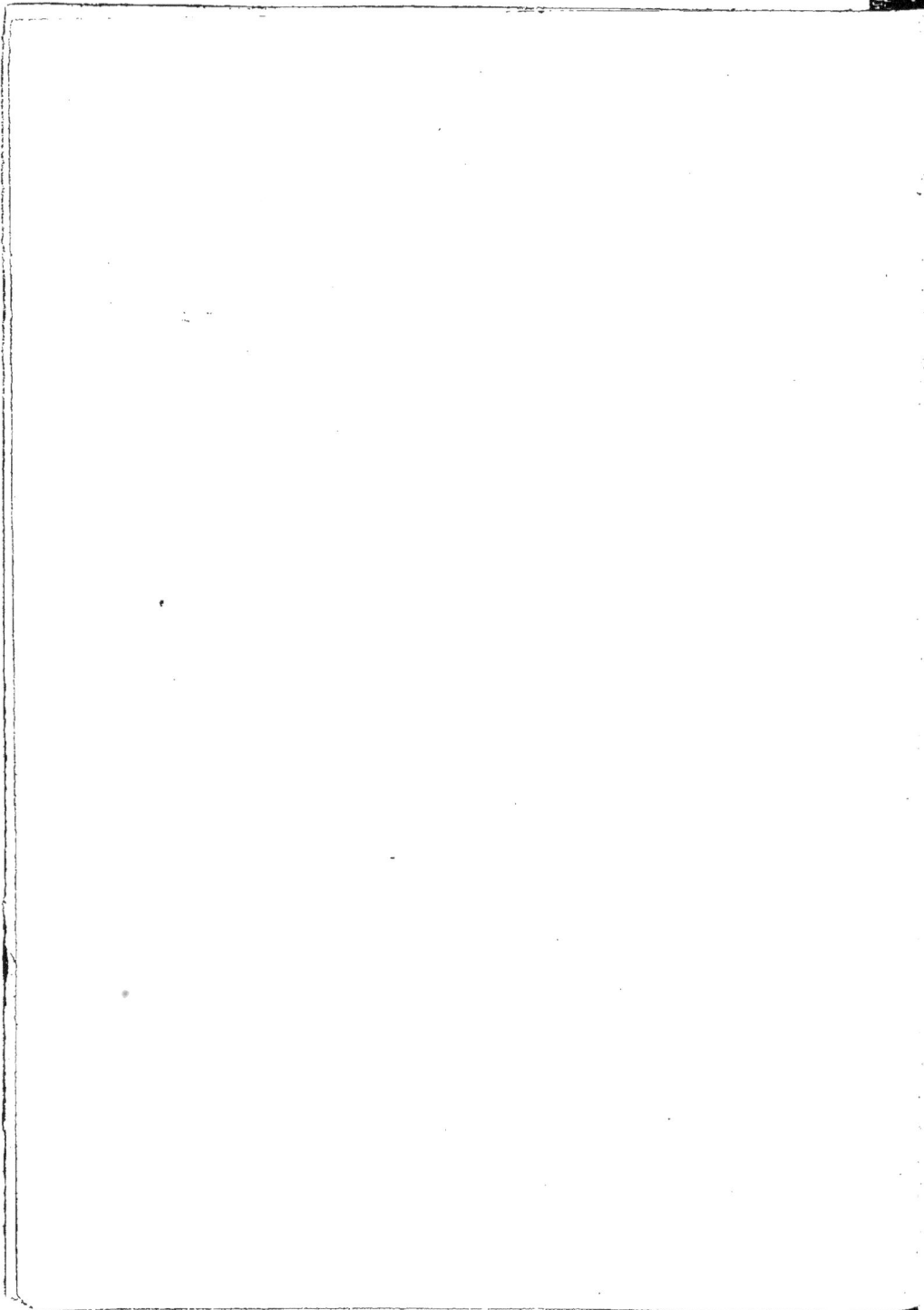

MUSÉES NATIONAUX

Palais du Louvre, ce 10 juillet 1918.

Monsieur le Directeur,

J'ai l'honneur de vous soumettre les épreuves de la révision du Catalogue sommaire des marbres antiques, *publié en 1896 par les soins du département. Cette révision a été préparée par M. Étienne Michon, conservateur adjoint.*

Dans cette nouvelle édition il a été tenu compte des dispositions arrêtées par la Direction des musées nationaux et dont on trouvera l'exposé dans l'avant-propos.

J'espère que vous voudrez bien approuver ce travail et en autoriser le tirage.

Veuillez, Monsieur le Directeur, agréer l'assurance de mon respectueux dévouement.

ANT. HÉRON DE VILLEFOSSE,
Conservateur des antiquités grecques et romaines,
Membre de l'Institut.

APPROUVÉ :
Le Directeur des Musées Nationaux
et de l'École du Louvre,

H. MARCEL.

Palais du Louvre, ce 7 mars 1922.

Monsieur le Directeur,

Je vous prie de vouloir bien approuver ce nouveau tirage, révisé, du Catalogue sommaire des marbres antiques, *dans lequel ont trouvé place les dernières acquisitions faites jusqu'à ce jour.*

Veuillez agréer, Monsieur le Directeur, l'assurance de mon respectueux dévouement.

ÉTIENNE MICHON,
Conservateur des antiquités grecques
et romaines.

APPROUVÉ :
Le Directeur des Musées nationaux
et de l'École du Louvre,

J. D'ESTOURNELLES DE CONSTANT.

MARBRES ANTIQUES
a

AVANT-PROPOS

Les nombreuses et importantes modifications faites depuis vingt ans dans la disposition des galeries et le classement des marbres, la nécessité, de plus, où l'on s'est trouvé de rentrer en magasin au moins momentanément nombre des monuments qui en avaient été alors sortis, ont exigé une refonte du *Catalogue sommaire des marbres antiques* publié au début de 1896 par le département des antiquités grecques et romaines.

Il importait pourtant, avant tout, de rester fidèle au principe qui interdit de changer le numérotage, sinon à des intervalles de temps le plus longs possible et pour des raisons absolument impérieuses. Les numéros donnés aux sculptures, suivant l'ordre des salles, par le précédent catalogue ont donc été conservés. Il en résulte que le visiteur ne les trouvera plus se succédant dans leur suite numérique et, par exemple, la description commence par le n° 32, après lequel seulement vient le N° 2. L'explication ci-dessus en indique le motif et pourquoi, malgré des inconvénients indéniables, quoique peut-être plus apparents que réels, on a dû se soumettre à cette loi.

Non moins impérieuse s'est imposée l'obligation, pour ne pas trop élever le prix du volume, de renoncer aux tables détaillées, table des provenances, table des collections, musées et palais, table des donateurs et explorateurs, table analytique des matières, qui étaient jointes au catalogue de 1896. Le catalogue actuel, en revanche, ainsi allégé et diminué de tous les monuments qui ne sont plus exposés, a pu être complété par une série de soixante-quatre planches reproduisant les sculptures les plus importantes du département. Il a semblé qu'un tel album était aujourd'hui le supplément indispensable de tout catalogue.

AVERTISSEMENT

Le visiteur trouvera sur les plans ci-après les indications nécessaires pour se guider, au rez-de-chaussée du Musée, à travers les salles de la sculpture antique. Il pourra y accéder soit par le pavillon Sully (I, salle des Caryatides), soit par le pavillon Denon (XXVII).

Les salles de Milet et de Magnésie du Méandre (XXXVI et XXXVII) se trouvent à la suite du musée des antiquités assyriennes dont l'entrée est sous le pavillon qui fait face à l'église Saint-Germain-l'Auxerrois.

Le vestibule et la salle des antiquités chrétiennes (XXXVIII et XXXIX) sont placés à l'entrée des salles de la sculpture du Moyen Age et de la Renaissance dans l'angle sud-est de la cour du Louvre.

PLAN D'ENSEMBLE DU PALAIS DU LOUVRE

PLAN DU REZ-DE-CHAUSSÉE

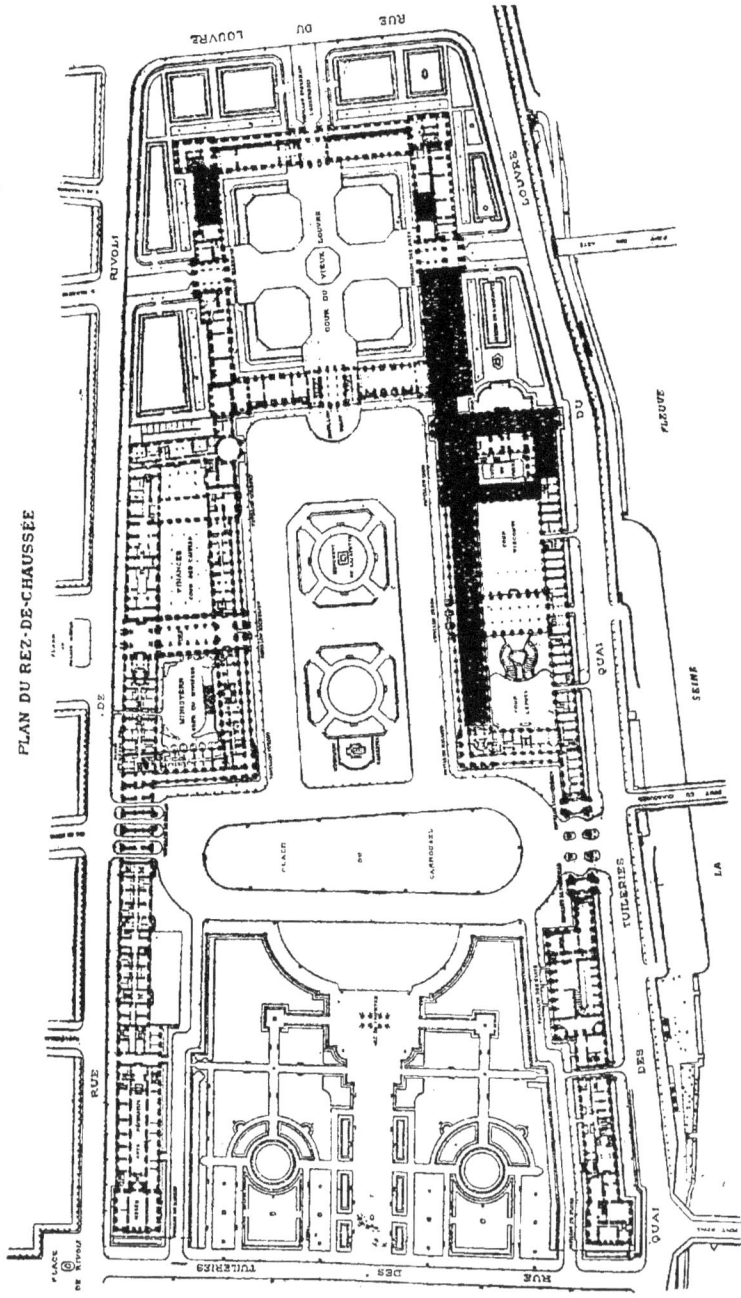

N.-B. La partie teintée en rouge indique l'emplacement des salles que concerne le présent catalogue, et dont le plan détaillé figure ci-contre.

ANTIQUITÉS GRECQUES ET ROMAINES

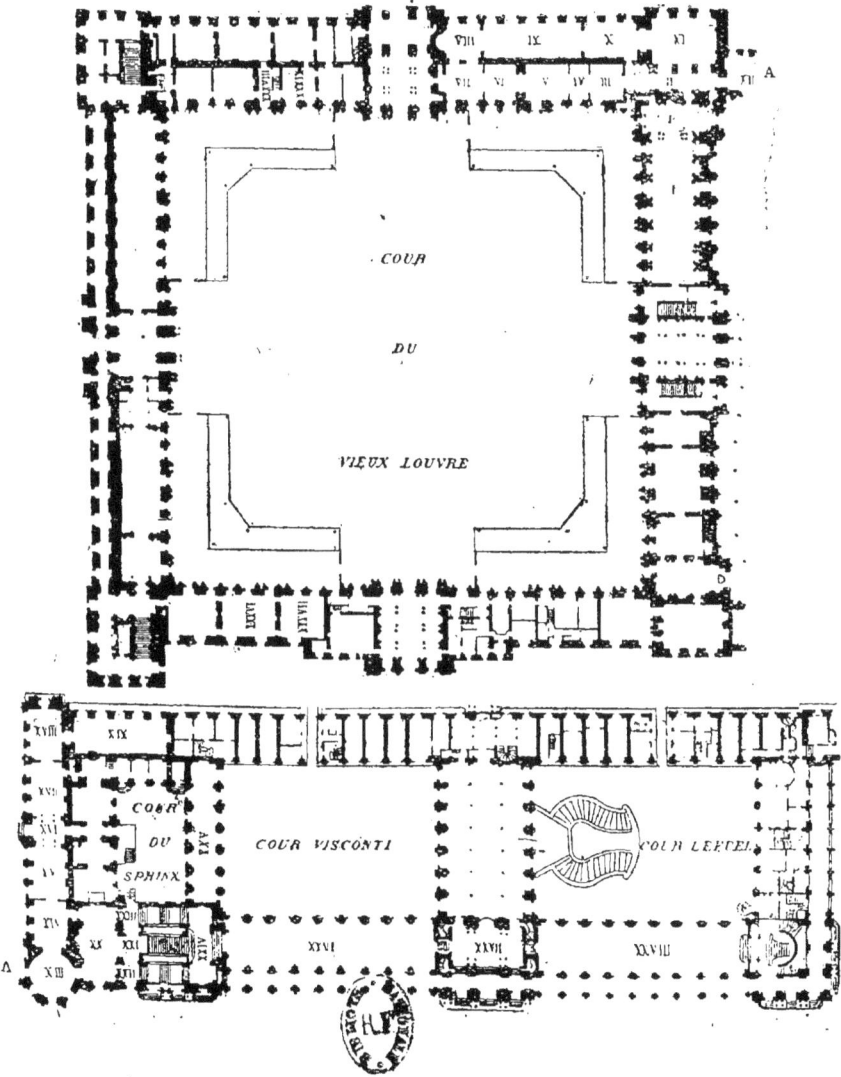

COUR

DU

VIEUX LOUVRE

COUR DU SPHINX

COUR VISCONTI

COUR LEFUEL

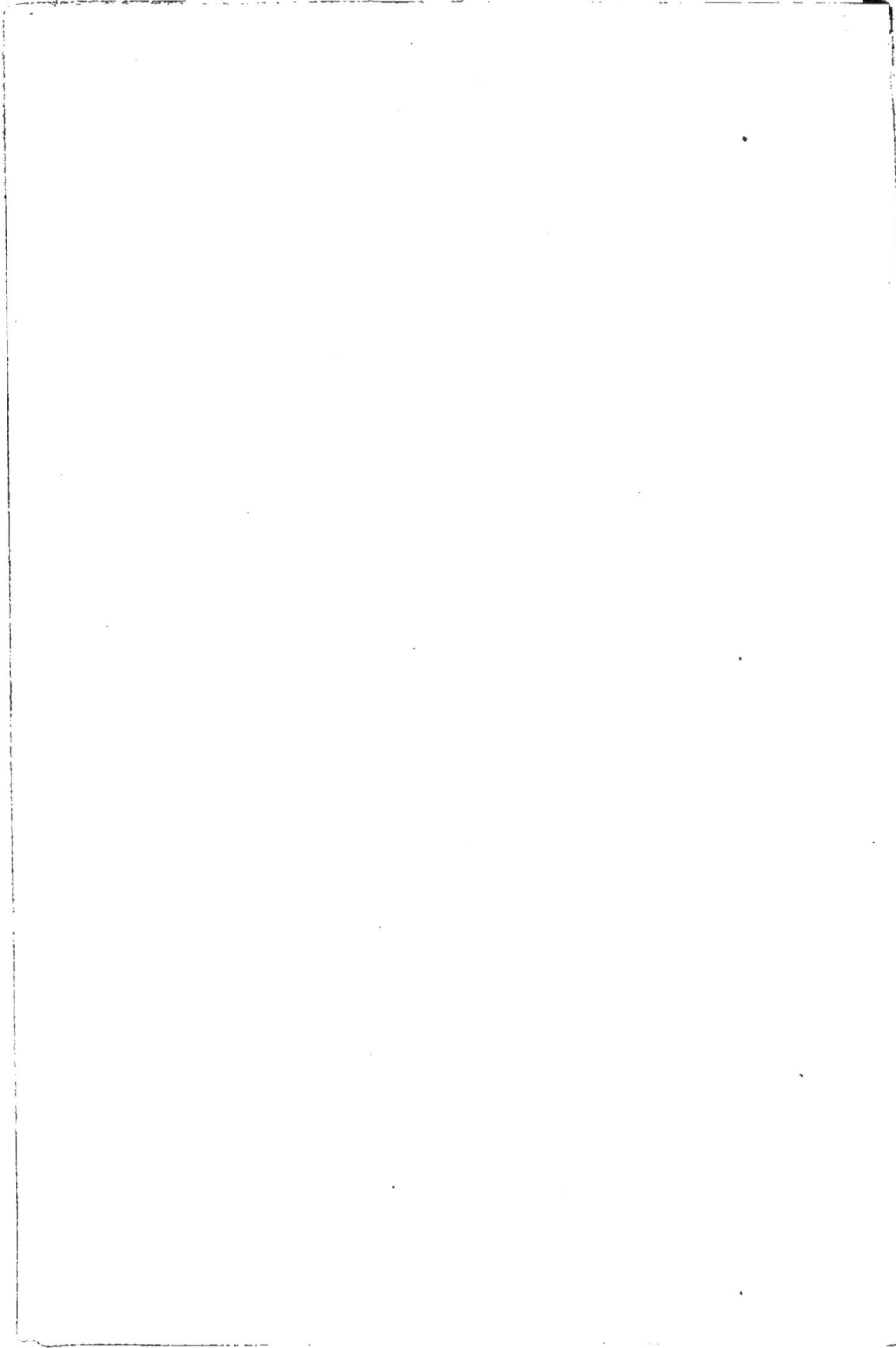

CATALOGUE SOMMAIRE

DES

MARBRES ANTIQUES

Les statues exposées dans la salle des Caryatides et dans les salles II à XI (Galeries de la Vénus de Milo et de la Melpomène) proviennent presque toutes de grandes collections romaines et forment le fonds principal, en même temps que le plus ancien, du Musée des Antiques. La plupart sont l'œuvre d'artistes de l'époque gréco-romaine, mais elles reproduisent souvent des types créés par les maîtres grecs. Le visiteur trouvera dans ces salles les statues les plus connues du Musée.

1. — SALLE DES CARYATIDES

Le visiteur, entrant par la porte située au pied de l'escalier Henri II, trouvera à sa gauche :

32. — Buste dit Diomède. *Collection Campana.*

2. — Fragment d'une statue d'Actéon. *Coll. Camp.*

3. — Vénus diadémée; tête. *Coll. Borghèse.*

5. — Vénus accroupie. *Coll. Borg.*

8. — Femme élégamment drapée, accoudée sur un grand vase orné de sujets en relief ; à droite, figure barbue, ailée,

soutenant le globe du monde ; bas-relief hellénistique (voir le n° 1891, salle d'Afrique). *Coll. Salviati, à Florence. Don His de la Salle.*

9. — Les Trois Grâces ; bas-relief. *Don His de la Salle.*

10. — Tête de femme ; la chevelure, sommairement travaillée, forme des bandeaux sur le front et deux boucles tombantes de chaque côté.

11. — Vénus drapée, le pied droit posé sur un objet indistinct ; à sa droite un Amour assis sur un pilastre. *Coll. Borg.*

12. — Colonne en porphyre rouge. *Coll. Borg.*

916. — Apollon au repos, debout, nu, la main droite ramenée sur la tête, dit Apollon Lycien. *Coll. Borg.*

14. — Colonne en porphyre rouge. *Coll. Borg.*

15. — Buste drapé d'un Romain barbu, aux cheveux frisés, de l'époque des Antonins. *Coll. Borg.*

16. — Vénus ; tête sur un buste drapé moderne.

18. — Vénus à la coquille. *Coll. Borg.*

21. — Femme assise ; derrière elle, un petit squelette ; fragment de bas-relief. *Coll. de l'Académie des Inscriptions et Belles-Lettres ; Musée des Monuments français.*

22. — Rome casquée ; tête.

31. — Candélabre aux lyres.

23. — Vénus au cygne ; statuette.

24. — Jupiter à demi drapé et l'aigle. *Coll. Borg.*

28. — Hercule nu, assis sur la peau de lion ; statuette ; réplique présumée de l'Hercule Epitrapezios de Lysippe. *Coll. Borrel, de Smyrne ; Mission Ph. Le Bas.*

27. — Hercule assis ; statuette du même type. *Coll. Borg.* **Gabies.**

3059 (1). — Tête d'une réplique de l'Athéna Parthénos de Phidias. **Civita-Vecchia.**

91. — Minerve drapée et casquée, armée de la lance et du

---

(1) Les nᵒˢ 3059 et suivants sont ceux de monuments entrés au Musée depuis le *Catalogue sommaire* publié en 1896 ou qui ne figuraient pas à ce catalogue.

bouclier, dite Minerve au collier ; réplique de l'Athéna Parthénos de Phidias. *Coll. Borg.*

849. — Tête dite Séleucus Nicator ou Démétrius Poliorcète. *Cabinet du sculpteur Pajou.* **Grèce** ou **Asie Mineure.**

33. — Jupiter nu, son manteau derrière le dos, et l'aigle. *Coll. Borg.*

25. — Melpomène debout, drapée, tenant un glaive et un masque tragique ; statuette. **Attique.**

26. — Candélabre aux Atlantes. *Musée du Vatican.*

35. — Minerve casquée ; tête. *Château de Richelieu.*

36. — Hercule au repos et les trois Charites ; bas-relief votif avec inscription grecque. *Était engagé dans les constructions de l'Ambassade de France à Constantinople ; Envoi de l'ambassadeur, le marquis de Noailles.* Thèbes.

37. — Femme assise tenant un enfant sur ses genoux ; fragment d'une stèle funéraire avec inscription grecque. *Était engagé dans les constructions de l'Ambassade de France à Constantinople ; Envoi du marquis de Noailles.*

40. — Enfant à l'oie, réplique d'un original attribué à Boéthos et dont il existe plusieurs répétitions, notamment à la Glyptothèque de Munich et aux Musées du Capitole et du Vatican. *Coll. Braschi.* **Trouvé le 11 juillet 1789 sur la voie Appienne à Roma vecchia.**

41. — Stèle funéraire de Maximos et de sa famille : homme debout, femme assise et quatre enfants, dont une jeune fille portant un parasol. *Mission Heuzey et Daumet.* **Salonique.**

42. — Inscription grecque : décret en l'honneur d'Aischrion, fils de Posidippos. *Don Xavier Ducloux, consul de France.* **Apollonie de Thrace.**

43. — Minerve drapée et casquée, l'avant-bras gauche recouvert par son bouclier ; statuette. *Coll. Borg.*

44. — Isis debout, drapée ; statuette dont la tête et les bras sont modernes. *Envoi du Ministère de la Marine.* **Grèce.**

45. — Colonne en porphyre rouge. *Coll. Borg.*

46. — Alexandre le Grand ; statue héroïque. *Coll. Albani.*

47. — Colonne en porphyre rouge. *Coll. Borg.*

48. — Vénus drapée, posant le pied sur un coffret; statuette. *Coll. Borg.*

20. — Esculape à demi drapé, la main droite derrière le dos; statuette. *Envoi du Ministère de la Marine.*

50. — Sacrifice offert par Bacchus enfant accompagné du vieux Silène ; bas-relief hellénistique.

52. — Satyre dansant, tenant un thyrse; bas-relief.

53. — Vénus accroupie. *Jardins de Trianon.*

56. — Sacrifice offert par Silène et un Satyre ; bas-relief.

57. — Bacchante dansant; angle d'un bas-relief. *Coll. Camp.*

131. — Junon drapée et diadémée; statuette.

61. — Apollon debout, nu, la chlamyde nouée sur l'épaule, appuyé sur un tronc d'arbre autour duquel s'enroule un serpent. *Coll. Borg.*

2295. — Silène debout, couronné de pampres, vêtu d'une nébride, tenant de la main gauche une outre posée sur un pilier; statuette.

63. — Cybèle drapée, coiffée d'une couronne tourelée, assise sur un trône accosté de deux lions; statuette.

66. — Cybèle tenant un tambourin ; statuette analogue.

64. — Colonne de porphyre. *Coll. du comte de Choiseul-Gouffier, ambassadeur du Roi de France.* Athènes.

65. — Coupe godronnée en granit.

2242. — Silvain, dit Vertumne, debout, nu, portant des fruits dans un pan de sa nébride ; statuette. *Coll. du cardinal de Richelieu; Château de Richelieu.*

68. — Athlète vainqueur au pugilat; les bras modernes sont armés de cestes. *Coll. Borg.* Rome.

299. — Apollon à demi drapé, la main droite sur la hanche. *Coll. Camp.*

2286. — Bacchus barbu, couronné de pampres; statuette; imitation du style archaïque.

2265. — Enfant enveloppé dans un manteau ; statuette.

74. — Le Soleil debout, drapé, tenant une corne d'abondance et un globe, avec les têtes de ses chevaux à ses pieds. *Coll. Borg.* Tr. en 1769 sur la voie Labicane à Torre nuova.

En avant de la grande cheminée, sur la ligne du milieu :

3060. — Fragment d'une statue de femme finement drapée ; réplique retournée de la Flore Farnèse ; la tête, en partie moderne, est peut-être étrangère. *Autrefois dans la collection Borghèse.*

75. — Hercule et Télèphe, avec la biche qui a nourri l'enfant. *Villa d'Este à Tivoli, puis Coll. Borg.*

76. — Tête d'une dame romaine du ii⁰ siècle, la chevelure ramenée sur le sommet de la tête.

77. — Vénus de Cnide ; buste ; répétition moderne. *Coll. Borg.*

78. — Jupiter, dit Jupiter de Versailles ; torse antique rajusté par Drouilly sur une gaîne moderne. *Villa Madama à Rome. Donné en 1541 par Marguerite d'Autriche au cardinal de Granvelle et placé par lui au Palais Granvelle à Besançon. Offert à Louis XIV par un des héritiers du cardinal en 1683. Jardins de Versailles.* **Rome.**

79. — Philosophe assis ; la tête rapportée est celle de Démosthène. *Villa Montalto-Negroni; transporté sous Pie VI au Musée du Vatican.* **Rome.**

80. — Philosophe assis, dit Posidonius, peut-être Chrysippe ; la tête, étrangère au **corps**, paraît être celle d'Aristote. *Coll. Borg.*

588. — Poète grec, à demi drapé, debout, tenant la lyre; statue de beau style et d'une conservation remarquable. *Coll. du sculpteur Dupré, puis Coll. Gori-Pannilini à Sienne.*

82. — Coupe d'albâtre fleuri, ornée au centre d'un masque de dieu marin. *Coll. Albani.* **La Marmorata à Rome.**

83. — Mercure nu, attachant sa sandale, dit Ciucinnatus ou Jason. *Villa Montalto-Negroni; acheté par Louis XIV en 1685 et placé au Palais de Versailles.* **Rome.**

84. — Double buste dit Sophocle et Aristophane. *Coll. Camp.* **Villa d'Hadrien, près de Tivoli.**

85. — Bacchus debout, nu, couronné de pampres, la main droite posée sur la tête. *Coll. Borg.*

86. — Grand vase connu sous le nom de Vase Borghèse; sur le pourtour est représentée une bacchanale : Bacchus, Silène ivre, Satyres et Bacchantes. *Coll. Borg.* **Rome.**

87. — Bacchus debout, nu, couronné de pampres, accoudé sur un tronc d'arbre qu'entoure un cep de vigne, la chevelure bouclée, serrée par un lien, tombe en masse sur le dos. *Offert par Robert Strozzi à Henri II et donné par celui-ci au connétable de Montmorency. Coll. du cardinal de Richelieu au château de Richelieu, puis transporté à Paris par le maréchal de Richelieu sous Louis XV. Musée des Monuments français.*

88. — Double buste dit Épicure et Métrodore. *Coll. du duc de Penthièvre au château de Châteauneuf-sur-Loire.*

89. — Discobole au repos. *Musée du Vatican.* Tr. à Colombaro sur la voie Appienne, aux environs de Rome.

90. — Coupe d'albâtre fleuri, ornée au centre d'un masque de Méduse. *Coll. Albani.* La Marmorata à Rome.

A droite de la porte d'entrée :

34. — Tête de femme voilée, du type des Vestales. *Coll. Camp.*

92. — Fragment d'une statue d'homme nu, un pan de draperie sur l'épaule gauche.

Enfoncement sans fenêtre :

94 et 95. — Urnes rondes, avec couvercles, ornées de feuilles de lierre et de laurier.

186. — Levrette assise. *Coll. Borg.* Gabies.

101. — Hercule et la biche qui a nourri Télèphe; les têtes manquent. *Envoyé en 1845 du Dépôt des marbres de l'île des Cygnes, où il avait été transporté des magasins de l'église de la Madeleine.*

111. — Victoire ailée, à demi nue, le pied gauche posé sur une cuirasse; statuette.

112. — Colonne en porphyre rouge. *Coll. Borg.*

113. — Bacchus debout, nu, couronné de pampres, une nébride attachée sur l'épaule. *Anc. Salle des Antiques du Louvre.*

114. — Colonne en porphyre rouge. *Coll. Borg.*

118. — Buste dit du Soleil; la tête aux cheveux ondulés est coiffée d'un casque et levée vers le ciel. *Coll. Borg.*

Première fenêtre :

116. — Enfant en Amour; statuette. *Coll. Borg.*

175. — Antinoüs; statuette; répétition d'une statue du Musée du Capitole.

118. — Inscriptions grecques gravées sur des tronçons de colonnes : listes de magistrats. *Coll. Choiseul.* **Ile de Ténos.**

119. — Inscription grecque mentionnant la réfection de la toiture d'un portique par trois citoyens; fragment de colonne. *Coll. Choiseul.* **Ile de Santorin.**

120. — Inscription grecque : liste d'esclaves affranchis. *Mission Heuzey et Daumet.* **Phères (Thessalie).**

3061. — Inscription grecque : décrets de proxénie de la ville d'Olus. *Envoi de l'amiral Pottier.* **Poros (Crète).**

832. — Inscription grecque : liste des vainqueurs aux jeux thessaliens de Larisse. *Don E. Miller, membre de l'Institut.* **Larisse (Thessalie).**

856. — Inscription grecque : décret ordonnant la restitution des sommes empruntées aux trésoreries des temples d'Athènes pendant la guerre du Péloponnèse; le marbre gravé sur les deux faces a servi de table d'autel dans une église chrétienne (voy. le n° 3362, salle Chrétienne). *Don de Roujoux, consul de France.* **Athènes.**

3062. — Monument funéraire de Zeipas et de sa famille : bustes de Zeipas, de sa femme et de ses sept enfants; au-dessous, représentation du dieu cavalier. *Don Bulgaridès, consul de France.* **Podgora, près Amphipolis (Macédoine).**

144. — Enfant bachique, debout, nu, tenant une grappe de raisin et une coupe; statuette.

145. — Apollon à demi drapé, la main gauche appuyée sur un tronc d'arbre; statuette. *Coll. Borg.*

146. — Femme debout, drapée, restaurée en Thalie avec une tête étrangère; réplique d'un original du vᵉ siècle (voy. plus loin le nᵒ 2203). *Coll. Borg.*

223. — Isis gréco-romaine; tête; les cheveux bouclés laissent voir des cornes naissantes et portent un diadème orné d'attributs. *Coll. du marquis de Drée.*

Seconde fenêtre :

148. — Cérès drapée, diadémée et voilée; statuette. *Coll. Borg.*

149. — Grand candélabre aux masques, dit de Piranesi. *Autrefois au Palais Salviati; restauré par J.-B. Piranesi, qui l'avait destiné à la décoration de son tombeau dans l'église du Prieuré de Malte à Rome.*

3064. — Inscription grecque : décrets de Tanagra relatifs à la reconstruction par souscription du temple de Déméter et Koré; listes de noms de femmes, suivis du chiffre de leur offrande. **Tanagra.**

817. — Grande stèle funéraire à fronton d'Adéa et de Thrason; banquet funèbre : homme couché devant une table ronde chargée de mets, femme voilée, assise au pied du lit, et quatre figures debout. *Don Despréaux de Saint-Sauveur, consul de France.* **Macédoine.**

858. — Bas-relief cintré représentant une chasse au lion : Alexandre le Grand secouru par Kratéros. *Envoyé au Louvre en 1828 au cours de l'Expédition française de Morée.* **Messène.**

840. — Inscription grecque surmontée d'un fronton : décret de la confrérie d'Hercule Tyrien en l'honneur de Patron, fils de Dorothéos. *Coll. du marquis de Nointel, ambassadeur du Roi*

de France, puis Coll. de l'Académie des Inscriptions; Musée des Monuments français. Ile de **Délos.**

804. — Famille composée de cinq personnages : homme barbu assis, coiffé du chapeau macédonien à bords plats, donnant la main à une femme voilée, accompagnée d'une jeune fille et d'une servante qui tient une cassette ; derrière le père, jeune homme debout, dont la tête manque ; fragment d'un bas-relief funéraire. *Mission Heuzey et Daumet.* **Aeané (Haute-Macédoine).**

168. — Diane chasseresse ; statuette. *Coll. du Roi.*

848. — Tête de **femme** voilée ; une réplique, dite Aspasie, est conservée au Musée de Berlin.

2203. — Femme debout, drapée (voy. plus haut le n° 146) ; la tête est un moulage de la tête précédente.

171. — Mercure ailé ; buste. *Coll. Camp.*

Troisième fenêtre :

172. — Minerve drapée et casquée, la main gauche sur la hanche ; statuette.

173 et 174. — Inscriptions grecques gravées sur des tronçons de colonnes : listes de magistrats. *Coll. Choiseul.* **Ile de Ténos.**

117. — Amour avec les attributs d'Hercule ; statuette. *Coll. du cardinal Mazarin, puis du duc de Mazarin.*

827. — Lion, la gueule entr'ouverte, les pattes de devant posées sur un rocher. *Donné au roi Charles X par l'amiral Halgan.* **Tr. entre Athènes et le cap Sunium.**

3066. — Tête de jeune Pan, avec des cornes naissantes. *Legs G. Rampin, secrétaire d'ambassade.*

198. — Femme drapée, restaurée en Muse ; statuette. *Coll. du cardinal Mazarin, puis Coll. du Roi.*

199. — Colonne en porphyre rouge. *Coll. Borg.*

200. — Hercule jeune, debout, nu, tenant la massue ; réplique d'un original attribué à Scopas. *Coll. Borg.*

201. — Colonne en porphyre rouge. *Coll. Borg.*

202. — Niobide; statuette. *Coll. Albani.*

Enfoncement sans fenêtre :

203. — Vénus: tête de bon travail, les lèvres entr'ouvertes. *Coll. Borg.*

2208. — Minerve drapée, la tunique serrée par une ceinture à la taille; la tête et les bras manquent; réplique de l'Athéna du groupe d'Athéna et Marsyas de Myron.

209. — Mercure debout, coiffé du pétase ailé, une chlamyde attachée sur l'épaule droite. *Coll. Camp.*

831. — Inscription grecque surmontée d'un bas-relief représentant Minerve tenant sa lance et le peuple athénien personnifié, de part et d'autre de l'olivier sacré: compte rendu des sommes dépensées par les trésoriers du Parthénon sous l'archontat de Glaukippos, en 410 av. J.-C. *Coll. Choiseul.* Athènes.

169. — Buste de Satyre femelle. *Coll. Camp.*

Hémicycle de l'Hermaphrodite :

224 et 240. — Grands rhytons terminés par une tête d'animal, ornés de pampres et de grappes de raisin. *Coll. Borg.*

225. — Base triangulaire, décorée d'une figure de Pan et de deux figures de Satyres. *Coll. Borg.*

226. — Tête de femme, les cheveux en bandeaux, sur un buste drapé moderne.

2282. — Bacchus barbu; double buste; imitation du style archaïque. *Coll. Camp.*

228. — Amour ailé, une écharpe jetée sur les bras, tenant une grappe de raisin; statuette. *Coll. Borg.*

229 et 236. — Masques de Méduse. *Coll. du cardinal de Richelieu; Château de Richelieu.*

230. — Rome drapée et casquée; buste. *Coll. Camp.*

231. — Hermaphrodite couché et endormi; des répétitions antiques de cette statue sont conservées à Florence, à Rome, à Pétrograd, au Louvre (voy. le n° 323, salle de l'Hermaphrodite). *Coll. Borg.* Tr. près des Thermes de Dioclétien à **Rome.**

232. — Urne cinéraire arrondie, ornée de strigiles et de deux personnages; sous le cartel, un Amour endormi.

233. — Trois Nymphes supportant une vasque; statuettes. *Coll. Borg.*

234. — Alexandre le Grand; buste en hermès. *Coll. Borg.*

235. — Amour levant les bras, dans la pose dite de l'Amour à la treille; statuette. *Coll. Borg.*

2332. — Enfant romain, la bouche entr'ouverte; buste, la draperie en marbre jaune. *Coll. Camp.*

238. — Tête d'Antinoüs, couronné de feuillage.

239. — Base triangulaire décorée de trois figures de danseuses. *Coll. Borg.*

II. — CORRIDOR DE PAN

241. — Femme drapée, restaurée en Uranie. *Tr. par Fauvel; Coll. Choiseul.* Ile de **Santorin.**

242 et 243. — Termes représentant un personnage barbu, âgé, enveloppé dans son manteau. *Coll. du cardinal de Richelieu; Château de Richelieu.*

3067. — Jeune homme, peut-être Ganymède, nu, un pan de draperie flottant derrière lui. **Grèce.**

245. — Diane drapée, en marche, vêtue d'une tunique longue. *Coll. du cardinal de Richelieu; Château de Richelieu.*

800. — Muse drapée, assise. *Don Husni Pacha; Mission Heuzey et Daumet.* **Théâtre de Philippes (Macédoine).**

1660. — Autel consacré à Mercure Epulon, orné d'une double flûte et d'un simpulum. *Coll. Jenkins.* **Rome.**

1661. — Urne cinéraire de C. Titinius Crescens. *Coll. Camp.* **Rome.**

247. — Diane chasseresse, accompagnée de son chien. *Coll. Camp.* **Cumes.**

1614. — Autel portant une inscription relative au culte de Cybèle. *Coll. Jenkins.* **Rome.**

1615. — Édicule consacré à la Fortune, avec l'image de la déesse tenant une corne d'abondance et un gouvernail. *Coll. Camp.*

1375. — Gaîne surmontée de la double tête de Bacchus et d'Ariane; imitation du style archaïque.

248. — Satyre et Nymphe; groupe; répétition d'un original connu. *Don Signol, membre de l'Institut.*

1623. — Gaîne surmontée de la double tête de Bacchus et d'Ariane; imitation du style archaïque. *Coll. Camp.*

861. — Tête héroïque **aux** cheveux courts et bouclés. *Don Fr. Lenormant.* **Ile de Santorin.**

251. — Vase orné de cannelures, avec des anses formées par des serpents; imitation de l'antique.

252. — Masque tragique.

693. — Apollon; tête; reproduction d'un original de beau style.

1602. — Gaîne surmontée d'une tête imberbe, dite Mercure Enagonios. *Coll. du cardinal de Richelieu; Château de Richelieu.*

255. — Tireur d'épine; répétition mutilée du célèbre bronze conservé au Musée du Palais des Conservateurs au Capitole. *Coll. Borg.*

1605. — Gaîne surmontée d'une tête dite Alcibiade; imitation de l'antique.

257. — Naïade tenant une coquille. *Coll. Camp.* **Véies.**

Le visiteur reviendra sur ses pas et trouvera
de l'autre côté du corridor :

258 et 259. — Termes représentant un personnage jeune, à demi drapé, tenant des fruits dans la main droite levée. *Coll. du cardinal de Richelieu; Château de Richelieu.*

1643. — Autel consacré à Diane. *Coll. Jenkins.* **Rome.**

1644. — Urne cinéraire de l'esclave Strategis. *Coll. Camp.* **Rome.**

260. — Hygie drapée tenant un serpent. *Coll. Camp.*

1603. — Autel votif, consacré sous le consulat de Barbarus et de Regulus, en l'année 157, à Jupiter Custos par l'affranchi impérial C. Julius Satyrus. *Coll. Jenkins.* **Rome.**

1604. — Urne cinéraire de M. Pontilius Cerialis. *Coll. Albani.* **Rome.**

1659. — Gaîne surmontée de la tête du sophiste Julius Cnosus; inscription grecque. *Coll. Camp.* **Rome.**

361. — Torse d'homme avec un pan de draperie sur l'épaule gauche. *Coll. Borg.* **Gabies.**

266. — Pan assis sur un rocher, tenant une flûte et une grappe de raisin. *Coll. Borg.*

268 et 269. — Personnages en costume asiatique, tenant des torches; fragments d'un bas-relief mithriaque. *Coll. Borg.* **Rome (?).**

309. — Torse d'homme nu, avec le haut des jambes.

1608. — Gaîne surmontée d'une tête imberbe, la chevelure ceinte d'une bandelette, dite Hercule ou Thésée. *Coll. Camp.*

274. — Dame romaine, drapée, la chevelure enveloppée dans une pièce d'étoffe. *Palais des Tuileries.*

III. — SALLE DU SARCOPHAGE
DE MÉDÉE

Les bas-reliefs provenant de sarcophages, autrefois encastrés dans les parois de cette salle et des salles suivantes, ont été transportés dans les galeries Denon et Mollien, où est réunie la collection des sarcophages, et sont remplacés par des moulages.

A droite :

575. — Hercule jeune, coiffé de la peau de lion, tenant les pommes et la massue; statuette. *Coll. Borg.*

276. — Vénus debout, nue, retenant une draperie autour de ses hanches. *Coll. Borg*.

278. — Buste d'un personnage barbu, casqué, dit Miltiade. *Coll. Albani*.

2325. — Autel circulaire orné de bucrânes et de guirlandes.

344. — Amour endormi sur une peau de lion; sujet dont il existe de nombreuses répétitions (voy. les n°ˢ 1890 et 2842, salle d'Afrique et salle de Milet). *Coll. Borg*.

310. — Mercure debout, nu, coiffé du pétase, tenant une bourse de la main droite. *Coll. Camp*.

2327. — Autel circulaire orné de têtes de béliers et de guirlandes; inscription funéraire d'Epaphroditos. *Cession du Ministère de la Marine*. **Athènes.**

2644. — Silvain, un tronc d'arbre à son côté, portant des fruits dans sa nébride; statuette. *Coll. Camp*.

427. — Buste de Titios Gémellos; sur le piédestal, inscription grecque relative à ce personnage. *Coll. Campion de Tersan, puis Coll. du baron Lemot*.

2268. — Autel circulaire, orné de guirlandes et de bucrânes. *Coll. Sallier, d'Aix*. **Ile de Délos.**

343. — Euripide assis, la poitrine nue, les jambes enveloppées d'un manteau; sur le dossier du fauteuil est gravé le catalogue alphabétique de ses pièces; statuette. *Coll. Albani*. **Mont Esquilin à Rome.**

331. — Minerve drapée et casquée. *Ancienne Salle des Antiques du Louvre; Musée des Monuments français.*

3068. — Buste de Mélitiné, prêtresse du temple de la Mère des dieux au Pirée; sur le piédestal, inscription relatant la consécration du buste sous l'archontat de Philistidès (2ᵉ moitié du IIᵉ siècle ap. J.-C.). *Coll. du général marquis de Vassoigne*. **Le Pirée.**

2329. — Autel circulaire orné de bucrânes et de guirlandes, consacré à Dionysos par le peuple de Théra en l'honneur de Ptolémée, de Cléopâtre et de leurs enfants. *Coll. Choiseul*. **Ile de Santorin.**

2642. — Silvain portant des fruits dans sa nébride; à ses pieds un chien assis; statuette. *Coll. Camp.*

280. — Vénus debout, nue, retenant une draperie autour de ses hanches; devant elle, un Amour debout sur un monstre marin. *Coll. Borg.*

3069. — Autel circulaire orné de guirlandes et de bucrânes, avec restes d'une inscription grecque.

345. — Esculape à demi drapé; à sa gauche, le nain Télesphore enveloppé dans un manteau à capuchon; statuette. *Coll. du cardinal de Richelieu; Château de Richelieu.*

290. — Tête de Mars casqué; réplique de la tête de la statue connue sous le nom de Mars ou Achille Borghèse (voy. le nᵉ 863, rotonde de Mars); il existe d'autres exemplaires de cette tête à Munich, à Pise et à Rome. *Château de Versailles.*

291. — Silène ivre, debout, nu, tenant une grappe de raisin et une coupe; de nombreuses répliques du même type sont connues, dont une trouvée à Narbonne. *Château de Versailles.*

293. — Enfant bachique tenant une jeune panthère et une grappe de raisin; statuette.

A gauche :

294. — Enfant drapé, coiffé d'un bonnet conique, dans la pose et le costume de Télesphore; statuette. *Coll. Borg.*

295. — Apollon à demi drapé, jouant de la lyre. *Coll. Borg.*

2269. — Autel circulaire orné de guirlandes et de bucrânes : le couronnement a été enlevé et l'autel creusé en forme de bassin.

1625. — Hylas debout, nu, près d'un tronc d'arbre, portant une amphore sur l'épaule gauche; statuette. *Coll. Camp.*

297. — Sarcophage orné de strigiles et de pilastres, avec un cartel ayant reçu autrefois une inscription fausse au nom de C. Lutatius Catulus. *Coll. du Roi ; Ancienne Salle des Antiques du Louvre.*

363. — Buste d'Épicure. *Coll. Borg.*

298 et 300. — Dioscures debout, nus, avec un avant-corps de cheval. *Coll. Camp.*

356. — Buste dit Alcée. *Col'. Borg.*

2274. — Autel circulaire, orné de guirlandes et de bucrânes, avec l'épitaphe grecque de Charition. *Coll. Choiseul.*

311. — Torse d'homme nu, de beau style ; l'épaule et le bras droit anciennement restaurés ont été enlevés.

2323. — Grand autel circulaire, décoré de guirlandes et de bucrânes et portant le nom de Basilidès. *Don du commandant Demelay.* Ile de **Délos**.

2324. — Grand cratère orné de masques. *Coll. Borg.*

2270. — Autel circulaire, orné de guirlandes et de bucrânes ; inscription funéraire de Julia Tertia. *Cession du Ministère de la Marine.* **Athènes.**

1620. — Torse d'enfant nu ; statuette ; la tête était tournée à droite ; restes de la chevelure sur la nuque.

308. — Sarcophage orné de strigiles, de pilastres et de colonnes, avec un cartel ayant reçu autrefois une inscription fausse au nom de P. Rubrius. *Coll. du Roi; Ancienne Salle des Antiques du Louvre.*

227. — Buste dit Théocrite. *Coll. Camp.*

67. — Buste de philosophe grec, Antisthène (?). *Coll. Camp.*

2276. — Autel circulaire, orné de guirlandes et de têtes de béliers, avec restes d'une inscription grecque funéraire.

1630. — Enfant nu, debout, les bras tendus en avant ; statuette. *Coll. Camp.*

312. — Femme drapée, restaurée en Hygie. *Coll. Borg.*

314. — Bacchus jeune, couronné de pampres, portant dans les plis de sa nébride une panthère et une grappe de raisin ; statuette. *Coll. Borg.*

Dans le passage qui suit :

315. — Vénus pudique, tenant un pan de draperie de la main gauche. *Coll. du Roi; Château de Versailles.*

316. — Vénus : réplique de la Vénus du Capitole. *Coll. Borg.*

IV. — SALLE DE L'HERMAPHRODITE
DE VELLETRI

A gauche

246. — Buste d'un poète grec.

348. — Jeune Satyre, nu, une nébride nouée sur l'épaule, accoudé sur un tronc d'arbre devant lequel est un enfant nu et tenant un pedum ; groupe de beau style. *Coll. Fould.* Tr. en 1782 à la Villa d'Hadrien, près de Tivoli.

320. — Jeune Pan accroupi, tirant une épine du pied d'un Satyre ; petit groupe dont il existe plusieurs répétitions. *Coll. Borg.*

323. — Hermaphrodite couché sur un rocher (voy. le n° 231, salle des Caryatides). *Coll. Braschi.* Velletri.

324. — Gaulois blessé, agenouillé dans l'attitude du combat ; sous ses pieds un grand bouclier ovale et un glaive ; réplique d'une œuvre de l'école de Pergame. *Coll. Borg.* Rome.

325. — Minerve debout, drapée et casquée ; à sa gauche, un bouclier posé sur un support. *Coll. Borg.*

544. — Tête de philosophe grec. *Coll. Guarnacci à Volterre.*

A droite :

326. — Buste dit Hippocrate.

330. — Minerve, drapée et casquée, l'égide posée sur l'épaule gauche, dite Minerve au socle de lance. *Château de Versailles.*

3070. — Minerve colossale, de style phidiesque, dite torse Médicis ; la tête et les bras, taillés à part, manquent. *Envoyé de la Villa Médicis par Ingres, directeur de l'Académie de France à Rome ; Dépôt de l'École nationale des Beaux-Arts.* **Rome.**

2272 et 3071. — Autels circulaires, ornés de guirlandes et de bucrânes, avec restes d'inscriptions grecques.

332. — Minerve drapée et casquée, tenant une coupe de la main gauche. *Coll. Dufourny.* **Palerme.**

328. — Buste d'un personnage grec barbu.

Dans le passage qui suit :

335. — Vénus pudique et l'Amour debout sur un dauphin. *Coll. Camp.*

336. — Vénus pudique et l'Amour enlacé par un dauphin. *Coll. Camp.* **Porto d'Anzio.**

V. — SALLE DU SARCOPHAGE
D'ADONIS

A droite :

59. — Tête de Socrate, sur un hermès. *Anc. Salle des Antiques du Louvre.*

337. — Bacchus debout, nu, couronné de pampres, tenant une coupe de la main gauche. *Coll. du cardinal de Richelieu, puis Cabinet du sculpteur Girardon. Coll. du Roi.*

244. — Buste de Démosthène, en hermès. *Coll. Borg.*

2163. — Femme élégamment drapée d'une tunique et d'un manteau, le bras droit levé, la jambe droite reportée en arrière ; la tête manque.

980. — Poète grec drapé et lauré, à mi-corps. *Coll. Camp.*

2344. — Vénus à demi nue, dite Thétis, debout sur une proue de navire. *Coll. Albani.* Cività Lavinia.

349. — Buste de Démosthène, un pan de draperie sur l'épaule gauche. *Coll. Borg.*

3072. — Femme drapée marchant à droite, le pied gauche surélevé. *Anc. coll. Miollis.* Rome.

237. – Buste de Démosthène. *Coll. Albani.*

352. — Hercule au repos, debout, nu, dans la pose de l'Hercule Farnèse, la massue appuyée sur la tête d'un jeune taureau. *Coll. Borg.*

49. — Buste dit Diogène. *Château de Fontainebleau.*

A gauche :

334. — Tête de Socrate, sur un hermès moderne avec un pan de draperie.

354. — Bacchus jeune, debout, nu, couronné de pampres ; une draperie posée sur l'épaule droite passe derrière le dos et sur l'avant-bras gauche. *Coll. Camp.*

70. — Tête de Platon, sur un hermès. *Acquis à Smyrne.*

1439. — Lion colossal.

358. — Base triangulaire ornée de bas-reliefs : personnage drapé devant un autel, aigle posé sur une couronne d'épis, corbeau sur le trépied d'Apollon. *Coll. Borg.*

434. — Cratère orné de masques et d'attributs bachiques. *Coll. Borg*

2953. — Sarcophage inachevé, la face antérieure ornée de strigiles avec la place d'un cartel. *Coll. Camp.* Italie.

490. — Buste dit Épicure. *Coll. Borg.*

254. — Buste, en hermès, dit Zénon de Citium. *Coll. Borg.*

2157. — Femme drapée (Victoire ?), une ceinture autour des hanches, la tunique flottante collée par le vent sur la jambe gauche ; la tête manque.

250. — Buste, en hermès, dit Pittacus. *Coll. Borg.*

415. — Buste d'un philosophe grec. *Coll. Borg.*

656. — Buste dit Anacréon.

364. — Hercule jeune, debout, nu, couronné de feuillages et tenant la massue.

2340. — Buste, en hermès, d'un philosophe grec. *Coll. Camp.*

Dans le passage qui suit :

366. — Vénus drapée et l'Amour ; groupe signé du nom de Praxitèle. *Coll. du cardinal de Richelieu ; Château de Richelieu.*

367. — Homme debout, nu, le corps entouré d'un serpent, dit Serpentaire ou Psylle ; bas-relief. *Coll. Borg.*

1058 et 1064. — Trépieds d'après l'antique.

282. — Esculape à demi drapé ; statuette sans tête.

369. — Vénus debout, nue, retenant une draperie autour de ses hanches. *Coll. Borg.*

370. — Vénus debout, nue, avec l'Amour essayant les armes de Mars. *Coll. Borg.* **Rome.**

281. — Jeune garçon nu ; statuette mutilée.

73. — Vénus pudique, dans la pose de la Vénus du Capitole. *Coll. Borg.*

VI. — SALLE DE PSYCHÉ

A droite :

374. — Hygie drapée, tenant un plateau de la main gauche ; statuette ; la tête manque. *Château de Versailles.*

75. — Athlète vainqueur ; la tête rapportée est de style polyclétéen. *Coll. Borg.*

73. — Buste, en hermès, dit Eschine. *Coll. Camp.*

377. — Némésis drapée, portant sur le bras gauche une corne d'abondance. *Coll. Borg.* Gabies.

378. — Tête d'Hercule jeune, dit Omphale, coiffé de la peau de lion. *Coll. Albani.*

2290. — Torse d'une statue colossale de femme drapée.

381. — Buste dit Persée, roi de Macédoine. *Coll. Borg.*

2190. — Diane drapée, en marche, une courroie en sautoir sur la poitrine ; la tête manque ; sur le revers, inscription hébraïque. *Don Despréaux de Saint-Sauveur.* Salonique.

72. — Buste, en hermès, dit Carnéade. *Coll. Camp.*

383. — Satyre dansant. *Coll. Borg.*

385. — Apollon Lycien ; tête.

A gauche :

386. — Muse drapée, avec un reste de lyre ; statuette ; la tête manque.

387. — Jeune athlète se frottant d'huile, de beau style. *Coll. Borg.*

62. — Tête de poète grec, couronné de lierre, sur un buste en hermès. *Coll. Borg.*

389. — Siège d'un prêtre de Bacchus, soutenu par deux griffons ailés. *Musée du Vatican.*

390. — Bacchus jeune ; tête.

379. — Psyché ; statue dont il existe plusieurs répétitions à Florence et à Rome. *Coll. Borg.*

393. — Bacchus barbu, la chevelure entourée d'une pièce d'étoffe ; tête. *Château de Versailles.*

394. — Siège d'une prêtresse de Cérès, soutenu par deux sphinx femelles ailés. *Musée du Vatican.*

317. — Buste, en hermès, dit Thucydide.

395. — Satyre dansant. *Coll. du cardinal Mazarin, puis Coll. du Roi (?).*

397. — Bacchus (?) ; tête, ceinte d'un diadème, avec les cheveux relevés en bandeaux. Rome.

Dans le passage qui suit :

398. — Vénus drapée ; statue mutilée dans la pose de la Vénus de Milo. **Théâtre de Falerone.**

382. — Femme drapée jouant de la lyre. *Coll. Borg.*

VII. — SALLE DE LA VÉNUS DE MILO

Au milieu :

399. — Vénus à demi nue, dite Vénus de Milo, l'une des plus belles et peut-être la plus célèbre parmi les statues antiques qui sont parvenues jusqu'à nous. *Découverte en 1820, vue par divers officiers de marine, signalée par l'agent consulaire de France Louis Brest et par Dumont d'Urville, elle fut acquise par M. de Marcellus pour le compte du marquis de Rivière, ambassadeur de France à Constantinople, et offerte par ce dernier au roi Louis XVIII.* Ile de **Milo.**

Ile de **Milo.**

Trouvés avec la Vénus de Milo.

Dans une vitrine :

400 et 401. — Main gauche tenant une pomme et fragment de bras gauche, ayant sans doute appartenu à la Vénus.

402. — Fragment d'avant-bras droit avec la main, de proportions plus grandes.

Sur le pourtour de la salle :

403. — Gaîne surmontée d'une tête d'Hercule jeune.

404. — Gaîne surmontée d'une tête de Mercure.

405. — Gaîne surmontée d'une tête de Mercure barbu, avec
sa base portant la dédicace faite à Hermès par Théodoridas.

406. — Gaîne surmontée d'une tête du Soleil.

Le visiteur passera à droite dans la galerie voisine.

VIII. — SALLE DE MELPOMÈNE

Un certain nombre de bas-reliefs encastrés dans les socles des statues de
cette salle et des salles suivantes ont été retirés et remplacés par des
moulages.

411. — Melpomène, muse de la tragédie, drapée, tenant un
masque ; statue colossale, une des plus grandes connues ; on a
supposé qu'elle décorait dans l'antiquité le Théâtre de Pompée
à Rome. *Placée d'abord dans la cour du Palais de la Chan-
cellerie apostolique ; transportée par Pie VI au Musée du
Vatican.* Rome.

413. — Petite mosaïque décorative composée avec des
morceaux antiques, cubes et marbres découpés (1).

A la droite de la Melpomène :

414. — Femme drapée, appuyée sur un pilastre orné d'un
aigle debout sur une palme et d'un olivier, restaurée en
Euterpe. *Coll. Borg.*

---

(1) Les mosaïques antiques, se trouvant toutes exposées dans les salles de sculpture
et n'étant pas assez nombreuses pour faire l'objet d'une notice spéciale, sont signalées
dans ce catalogue.

La grande mosaïque placée devant la Melpomène a été exécutée en 1810 par François
Belloni et refaite en 1858 par les mosaïstes des musées impériaux, Vᵛ Counc et Noël.
Elle représente Minerve, debout dans un quadrige, portant une Victoire sur la main
droite et accompagnée de la Paix et de l'Abondance ; autour du sujet central quatre
figures de fleuves couchés rappellent le théâtre des victoires de Napoléon.

2318. — Vénus diadémée ; tête.

416. — Mercure debout, nu, un pan de draperie jeté sur l'épaule et enroulé autour du bras gauche ; réplique de l'Antinoüs du Belvédère célèbre sous le nom de Lantin. *Coll. Camp.* **Environs de Rome.**

487. — Muse, avec deux plumes sur le sommet de la tête ; buste.

419. — Vénus ; tête colossale de beau style.

A la gauche :

420. — Femme drapée, appuyée sur un pilastre, restaurée en Euterpe. *Collection du Roi; Château de Versailles (?)*.

341. — Buste d'un prince barbare, cuirassé et casqué.

1442. — Grand cippe funéraire de Volusia Eo, décoré de rinceaux. *Coll. Camp.* **Rome.**

357. — Vasque en forme de coquille, soutenue par trois griffes de panthères. *Coll. Borg.*

421. — Vénus, buste drapé ; la tête est une très belle réplique de la Vénus de Cnide.

423. — Buste de dame romaine drapée, dite Plautille ou Faustine. *Coll. du Roi.*

170. — Thalie debout, drapée, tenant un masque comique et un rouleau. *Château de Louveciennes.*

425. — Trois Naïades, l'une tenant une coquille, les deux autres des amphores ; bas-relief. **Rome.**

494. — Buste de femme ; la draperie festonnée est attachée sur la poitrine par une fibule.

3073. — Tête d'Hercule jeune, la tête ceinte d'une bandelette ; la prunelle des yeux est faite d'un morceau **rapporté**. *Était conservé à Cordoue.*

1443. — Grand cippe funéraire de Julia Victorina, orné de deux bustes d'enfants avec les attributs du Soleil et de la Lune. *Coll. Camp.* **Rome.**

428. — Buste colossal de déesse drapée. *Coll. Borg.*

617. — Trépied d'Apollon, en partie moderne. *Musée du Vatican*. **Environs d'Ostie**.

3074. — Tête de femme voilée, provenant d'une statue funéraire. *Legs de Mme Faugère*. **Ile d'Anaphé**.

429. — Niobé ou Vénus ; buste colossal drapé. *Coll. du Roi*.

Dans le passage qui suit :

430 et 432. — Colonnes en granit rose.

431. — Annius Verus ; buste, la draperie en marbre de couleur. *Coll. Bory*.

433. — Antinoüs en divinité égyptienne ; buste. *Coll. du cardinal Albani; Musée du Vatican*.

IX. — SALLE DE LA PALLAS
DE VELLETRI

Au milieu :

476. — Apollon ; buste colossal de beau style.

435. — Adolescent nu, appuyé sur un tronc d'arbre, les bras ramenés sur la tête, dit Génie du repos éternel. *Coll. du cardinal Mazarin, puis du duc de Mazarin*.

436. — Alexandre le Grand ; buste, le plus célèbre de tous ses portraits. *Donné au Premier Consul par le chevalier Azara, ambassadeur d'Espagne*. **Tr. en 1779 dans la Villa des Pisons, près de Tivoli**.

437. — Vénus à demi drapée, répétition de la Vénus d'Arles.

1366. — Naïade à demi drapée, couchée, la main gauche sur une amphore. *Coll. du cardinal Fesch*. **Rome**.

439. — Vénus à demi drapée, dite Vénus d'Arles, restaurée par Girardon. *Donné à Louis XIV par la Ville d'Arles; Grande Galerie du Palais de Versailles.* **Arles.**

440. — Homère ; buste, un des meilleurs exemplaires connus. **Rome.**

441. — Apollon Sauroctone ; réplique d'un original en bronze de Praxitèle, dont il existe d'autres exemplaires. *Coll. Borg.*

469. — Apollon, tête colossale.

A droite:

443. — Amour bandant l'arc ; statuette.

444. — Femme drapée, restaurée en Uranie. *Grande Galerie du Palais de Versailles.*

445. — Prométhée et Minerve ; bas-relief. *Coll. Albani.*

448. — Amour bandant l'arc. *Coll. Camp.* **Palatin à Rome.**

449. — Amour bandant l'arc. *Coll. Borg.*

450. — Torse d'un Amour dans la même attitude que les précédents.

3075. — Tête imberbe, tournée à sa droite, de beau style ; dans la chevelure, trous ayant servi à fixer des ornements en métal.

453. — Colonne en vert antique. *Tombeau du connétable de Montmorency dans l'église de Montmorency.*

454. — Buste de dame romaine drapée.

455. — L. Aelius César ; buste cuirassé.

456. — Adolescent nu, au repos, la main gauche appuyée sur un cippe, dit Narcisse ; réplique d'un original grec de la belle époque. *Coll. Camp.*

457. — Adolescent au repos, semblable au précédent. **Égypte.**

458. — Femme drapée, restaurée en Cérès. *Coll. Borg.*

340. — Ariane drapée, couchée et endormie. *Coll. Borg.*

460. — Tête de femme, restaurée en Junon diadémée et voilée.

461. — Colonne en vert antique. *Coll. Borg.*

462. — Buste drapé d'un Romain barbu.

463. — Bacchus barbu ; tête colossale. *Coll. Borg.*

464. — Minerve drapée et casquée, dite Pallas de Velletri ; statue colossale. **Tr. en 1797 à Velletri.**

465. — Polymnie et une femme drapée avec les attributs de Cérès ; deux fragments de bas-reliefs étrangers l'un à l'autre. *Coll. Borg.*

466. — Esculape, la chevelure ceinte d'un bandeau enroulé en torsade ; buste. *Château de Versailles.*

467. — Colonne en vert antique. *Coll. Borg.*

468. — Buste cuirassé d'un Romain barbu.

846. — Tête d'une réplique du Diadumène de Polyclète ; une partie de la face et de la chevelure est seule antique. *Coll. Borg.*

471. — Urne cinéraire sans inscription. **Rome.**

543. — Apollon à demi drapé, la main sur un trépied ; statuette. *Château d'Écouen.*

472. — Polymnie drapée, accoudée sur un rocher ; toute la partie supérieure de cette statue, si souvent reproduite de nos jours, est une restauration. *Coll. Borg.*

282. — Esculape, à demi drapé, la main droite tenant un bâton entouré d'un serpent ; statuette.

474. — Urne cinéraire de l'affranchi Q. Cornelius Saturninus. *Coll. Camp.* **Rome.**

1654. — Bacchus à demi nu, couché, tenant une corne d'abondance ; auprès de lui un enfant bachique. *Coll. Borg.*

830. — Tête d'athlète de beau style, dit Thésée. *Coll. Borg.*

477. — Colonne en vert antique. *Tombeau du connétable de Montmorency dans l'église de Montmorency.*

478. — Buste d'un Romain barbu. *Coll. Borg.*

479. — Vénus ; tête ; réplique de la Vénus de Cnide. *Coll. van Branteghem, puis Coll. van Sittart.*

548. — Amour en Hercule, statuette. *Coll. Borg.* **Gabies.**

481. — Jeune fille drapée, restaurée en Flore. *Coll. Borg.*

533. — Apollon Pythien, debout, nu, la main droite ramenée sur la tête, statuette. *Château d'Écouen.*

483. — Adorante drapée, restaurée en Euterpe. *Coll. Borg.*

A gauche :

485. — Junon drapée, tenant un globe. *Coll. du Roi.*

359. — Enfant bachique, portant dans ses bras une grappe de raisin; statuette; la tête manque.

488. — Cippe funéraire de l'affranchi impérial Amemptus, orné de sculptures très fines. **Rome.**

489. — Bacchus et Silène; petit groupe. *Coll. Borg.*

1618. — Torse d'enfant nu; statuette mutilée.

2321. — Mithridate Eupator, coiffé d'une peau de lion; tête.

491. — Colonne en vert antique. *Tombeau du connétable de Montmorency dans l'église de Montmorency.*

492. — Buste drapé d'un Romain imberbe. *Coll. du cardinal de Richelieu; Château de Richelieu.*

493. — Buste d'homme imberbe, un baudrier en travers de la poitrine.

610. — Triade zodiacale, Mercure, Jupiter, Cérès; base de candélabre. *Coll. Borg.*

611. — Amours portant les armes de Mars; motif souvent répété; base triangulaire d'un candélabre.

636. — Buste dit Apollon, la chevelure ceinte d'une bandelette. *Coll. Borg.*

626. — Esculape; buste, un pan de draperie sur l'épaule gauche. *Coll. Borg.*

496. — Annius Verus; buste cuirassé. *Coll. Borg.*

497. — Colonne en vert antique. *Coll. Borg.*

498. — Buste cuirassé d'un Romain âgé.

499. — Province vaincue; buste colossal. *Coll. Borg.*

500. — Grand candélabre, le fût orné d'une bacchanale. *Musée du Vatican.* **Environs de Naples.**

501. — Acteur comique; bas-relief. *Coll. Albani.*

426. — Buste colossal de Bacchante drapée. *Coll. Borg.*

502. — Jambe droite d'une statue, transformée en support. *Coll. d'Orsay.* **Rome.**

503. — Le Soleil; tête.

3076. — Femme debout, drapée, la jambe gauche fléchie; statuette. **Athènes.**

504. — Diane; buste colossal drapé. *Coll. Borg.*

505. — Colonne en vert antique. *Coll. Borg.*

506. — Buste de jeune femme romaine drapée.

507. — Élagabale; tête.

508. — Base cylindrique, ornée des bustes de la lune et de deux étoiles et de la tête de l'Océan. *Coll. Borg.* **Rome.**

304. — Amour nu, une draperie jetée sur les bras, le ventre entouré d'une courroie attachée sur la hanche gauche; statuette. *Don Simonetti.* Italie.

289. — Femme drapée, la main droite ramenée en avant; statuette.

512. — Gallien; tête.

513. — Colonne en vert antique. *Tombeau du connétable de Montmorency dans l'église de Montmorency.*

514. — Buste d'un Romain drapé. *Coll. Borg.*

515. — Vénus diadémée; buste. *Coll. Borg.* Gabies.

516. — Cippe funéraire de P. Fundanius Velinus. *Coll. Mattei; Musée du Vatican.* **Rome.**

517. — Berger écorchant un chevreau suspendu à un tronc d'arbre, dit l'Écorcheur rustique; statuette. *Coll. Albani.*

305. — Homme à demi nu, assis, penché en avant; fragment d'une statuette de beau style. **Pézenas.**

288. — Jeune homme finement drapé; statuette mutilée. *Don Ch. Timbal.*

518. — Femme drapée, restaurée en Euterpe. *Coll. Borg.*

Dans le passage qui suit :

520 et 523. — Colonnes en granit rose.

521. — Buste cuirassé d'un Romain barbu. *Coll. Borg.*

522. — Atalante courant, vêtue d'une tunique courte qui laisse les seins à découvert. *Coll. du cardinal Mazarin.* **Petit Trianon.**

524. — Buste d'un Romain barbu.

X. — SALLE DU HÉROS COMBATTANT

525. — **Vénus** drapée, dite Vénus Génitrix; statue dont il existe plusieurs répliques et réductions antiques. *Tr. sans doute en Italie et offerte à François Ier. Jardins de Versailles.*

526. — Hercule jeune; buste. *Coll. du cardinal de Richelieu; Château de Richelieu.*

527. — Héros nu, dans l'attitude du combat, dit Héros combattant ou Gladiateur Borghèse; sur un tronc d'arbre, la signature du sculpteur Agasias, d'Éphèse. *Coll. Borg.* **Porto d'Anzio** (1).

528. — Jeune Satyre souriant; buste avec traces de couleur dans la chevelure. *Donné au roi Louis XVIII par la ville de Vienne.* **Vienne (Isère).**

529. — Diane agrafant son manteau, dite Diane de Gabies. *Coll. Borg.* **Gabies.**

A droite :

530. — Minerve drapée et casquée, dite Minerve pacifique. *Coll. Mattei, puis Coll. du cardinal Fesch.*

531. — Héros devant un trophée; bas-relief. *Palais de Fontainebleau.*

473. — Enfant nu; statuette mutilée. *Coll. du baron Rouen, ministre de France.* **Grèce.**

Dans une vitrine :

621. — Tête de jeune Satyre souriant.

3377. — Petite tête de femme, avec de longues boucles calamistrées. **Égypte.**

---

(1) Les bas-reliefs du piédestal, sculptés par le Bernin, représentent les exercices auxquels on se livrait dans les gymnases anciens.

2517. — Tête de jeune femme, les cheveux légèrement ondulés, provenant d'une statue de beau style. **Smyrne.**

3378. — Petite tête d'homme imberbe, ceinte d'une bandelette. **Égypte.**

2516. — Tête aux yeux creusés pour être incrustés; le cou est tendu en avant, la bouche entr'ouverte; les cheveux bouclés sont entourés d'une bandelette; le regard semble exprimer la douleur. **Ile de Samos.**

510. — Tête de jeune femme, inclinée à gauche, de beau style, la chevelure retenue par un bandeau d'étoffe. *Don J. Maciet.*

2527. — Petite tête de femme, la chevelure entourée d'une pièce d'étoffe. **Archipel des Sporades.**

3077. — Tête d'Apollon, de style archaïsant; la chevelure, bouclée au-dessus du front, tombe de chaque côté en avant des oreilles.

2624. — Minerve casquée; petite tête. **Sidon.**

2660. — Tête de sphinx femelle diadémée; les yeux et les sourcils étaient incrustés en matière différente; extrémité du bras du fauteuil d'une statue de divinité assise. *Legs A. Armand.* **Baalbeck.**

2518. — Muse drapée, la main droite appuyée sur la hanche; statuette; la tête manque. *Mission Heuzey et Daumet.* **Amphipolis (Macédoine).**

2611. — Petit torse d'homme nu; les bras étaient levés. *Cession du Musée de Cluny.*

2437. — Sirène debout, nue, tenant ses cheveux de la main droite, la main gauche ramenée sur la poitrine; couronnement d'une stèle funéraire de beau style. *Coll. du baron Rouen.* **Athènes.**

2607. — Personnage à demi drapé; statuette mutilée. *Coll. du comte de Sartiges, ministre de France.* **Athènes.**

3078. — Femme élégamment drapée; statuette; la tête et les bras manquent. *Mission Clermont-Ganneau.* **Crète.**

3079. — Vénus anadyomène, tenant de la main droite les

boucles de sa chevelure; partie supérieure d'une statuette. **Sakha**, anc. Xoïs (Égypte).

535. — Ganymède ou Pâris, la chevelure bouclée, coiffé du bonnet phrygien; buste. *Coll. Albani.*

536. — L'Amour debout et Psyché agenouillée; groupe. *Coll. Borg.*

538. — Hercule barbu, la tête ceinte d'une couronne de feuillage; hermès colossal dit autrefois Xénophon. *Coll. Albani.*

2301. — Alexandre debout, nu, casqué, près d'un trophée; statuette. *Coll. Borg.* **Gabies.**

542. — Marsyas suspendu à un tronc de pin; il existe de nombreuses répliques de cette belle statue. *Coll. Borg.* **Rome.**

541. — Apollon appuyé sur un pilastre, une lyre sur l'épaule gauche; statuette. *Coll. Camp.*

2259. — Pluton Sérapis; tête.

545. — L'Amour adolescent. *Coll. Borg.* **Rome.**

546. — Esculape et Hygie; bas-relief très restauré.

547. — Rome casquée; buste; sur le casque la louve allaitant Romulus et Rémus. *Coll. du cardinal de Richelieu; Château de Richelieu.*

3080. — Vénus debout, nue, tenant de ses deux mains les extrémités d'une draperie qui forme voile derrière elle; statuette. **Horbeit** (Égypte).

Dans une vitrine :

2710. — Tête de jeune homme aux cheveux bouclés; réplique du Tireur d'épine. *Coll. Joly de Bammeville.*

2614. — Diane chasseresse avec le carquois; statuette; la tête, les bras et les jambes manquent. **Philomélium (Phrygie).**

2514. — Tête d'un combattant imberbe, la chevelure ceinte d'une bandelette; fragment d'un haut-relief rappelant le style des figures de Pergame. **Adalia.**

2609. — Petit torse nu. *Coll. Camp.*

3081. — Tête de jeune femme, à la chevelure disposée en longues boucles, du type dit Bérénice. **Ashmounéïn (Égypte).**

2597. — Diane chasseresse; statuette; la tête et les bras manquent. *Coll. de Breuvery.* **Asie Mineure.**

3082. — Vase votif à Silvain, orné de scènes de la vie des oiseaux. *Acquis sur les arrérages du legs Bareiller.* **Rome.**

2631. — Vénus accroupie; statuette de beau style; la tête et une partie des bras manquent. **Environs de Beyrouth.**

2671. — Main gauche tenant une pyxide.

3083. — Hercule jeune, debout, nu, portant la massue; statuette. **Smyrne.**

2598. — Femme drapée, le sein droit à découvert, debout sur une base circulaire; statuette. **Philomélium (Phrygie).**

3084. — Vénus, une draperie autour des jambes, assise sur un rocher; statuette; la tête et une partie des bras et des jambes manquent. **Reims.**

2595. — Vénus pudique, debout sur une base rectangulaire; la draperie tombe sur un vase à sa gauche. **Hélalieh, Environs de Sidon.**

2439. — Danseuse élégamment drapée, le torse incliné à gauche; statuette; la tête et les extrémités des membres manquent.

550. — Mercure debout, nu, coiffé du pétase, une chlamyde nouée sur l'épaule, tenant un caducée et une bourse. *Coll. Borg.*

551. — Homme et femme se donnant la main; bas-relief.

A gauche :

552. — Amazone blessée; la partie inférieure de la statue a été restaurée à tort avec une tunique longue. *Coll. du cardinal Mazarin, puis Coll. du Roi. Jardins de Versailles.*

553. — Ménade en extase, tenant un thyrse et l'avant-corps d'un chevreau; bas-relief. *Coll. Borg.*

554. — Enfant romain vêtu d'une chemise courte; statuette. *Coll. Borg.*

555. — Cippe orné de bas-reliefs bachiques; une inscription en l'honneur du consul Anicius Paulinus, préfet de Rome en 331, a été gravée postérieurement sur l'une des faces. *Coll. Borg*. **Rome.**

556. — Vénus nue, dite Vénus au collier; statuette mutilée.

557. — Torse de jeune homme nu. *Château de Neuilly; Don Guitton.*

558. — Jeune dieu marin, dit Palémon; buste.

559. — Diane chasseresse en marche. *Coll. Borg.*

561. — Vénus; tête; réplique de la Vénus de Cnide. *Jardin du Luxembourg.*

562. — Centaure dompté par l'Amour; des variantes du même sujet sont conservées à Rome. *Coll. Borg.* **Rome.**

627. — Cippe funéraire de M. Antonius Anteros. *Coll. Borg.* **Rome.**

628. — Hercule enfant, assis, nu, étouffant les serpents; statuette. *Coll. Borg.*

563. — Buste de jeune fille, les oreilles percées.

532. — Silène agenouillé, ayant servi de support; statuette. *Coll. Camp.*

564. — Buste de jeune homme aux cheveux courts.

683. — Cippe funéraire, sans inscription, richement décoré: têtes d'Ammon, masque de Méduse, Néréides et Amours. *Coll. Borg.*

634. — Enfant bachique assis, nu, tenant une outre; statuette. *Coll. Borg.*

565. — Buste de jeune homme imberbe; la tête, étrangère au buste, est de beau style, quoique très endommagée.

566. — Hygie drapée, donnant à boire à un serpent.

567. — Diane, Hercule et Silvain; bas-relief. *Coll. Albani.*

568. — Junon voilée et diadémée; buste drapé. *Coll. Borg.*

19. — Cippe funéraire de Ciartia Chreste. *Coll. Borg.* **Rome.**

569. — Enfant relevant sa chemise; statuette ayant servi de sujet de fontaine.

571. — Vénus; buste; la tête rappelle le type de la Vénus du Capitole.

572. — Jupiter Ammon coiffé du modius; buste. *Coll. Camp.*

573. — Mercure nu, debout près d'un tronc d'arbre, tenant le caducée. *Coll. du cardinal de Richelieu; Château de Richelieu.*

574. — Ulysse consultant Tirésias; bas-relief. *Coll. Albani.*

Dans le passage qui suit :

575. — Tête de Diane, les cheveux relevés et réunis en chignon derrière la tête, du type de la Diane de Gabies (voy. plus haut le n° 529). **Italie.**

576 et 583. — Colonnes en albâtre fleuri. *Coll. Braschi.*

577. — Buste d'un Romain barbu. *Coll. Borg.*

578. — Antinoüs en Aristée, coiffé d'un chapeau et vêtu d'une tunique courte sans manches. *Coll. du cardinal de Richelieu; Château de Richelieu.*

580 et 586. — Colonnes en brèche. *Elles supportaient la châsse de sainte Geneviève dans l'ancienne église Sainte-Geneviève.*

581. — Buste d'une dame romaine de l'époque des Flaviens. *Coll. Borg.*

581. — Buste de jeune homme aux cheveux bouclés, dit Virgile. *Coll. Camp.* **Environs de Pouzzoles.**

3085. — Tête de femme, les cheveux ondulés et noués en chignon sur la nuque; réplique d'un original du ive siècle.

447. — Tête d'Amour, dans le mouvement de l'Amour bandant l'arc.

584. — Buste cuirassé d'un Romain barbu.

585. — Jeune homme debout, nu, casqué, dit Mars. *Coll. Borg.*

587. — Buste cuirassé d'un Romain barbu. *Coll. Borg.*

3086. — Tête de jeune Satyre riant; la bouche entr'ouverte laisse voir les dents; dans la chevelure, entailles pour une couronne de métal. **Environs de Képhisia.**

XI. — SALLE DU TIBRE

Au milieu :

922. — Silène debout, nu, couronné de pampres, appuyé sur un **tronc** d'arbre et tenant dans ses bras le jeune Bacchus, dit le **Faune** à l'enfant; une des statues les plus célèbres du Musée et la meilleure des répliques de ce type. *Coll. Borg.* **Rome.**

589. — Diane chasseresse, accompagnée d'une biche, dite Diane à la Biche ou Diane de Versailles. *Apportée sans doute en France sous le règne de François Ier; placée successivement au Château de Meudon, au Palais de Fontainebleau, dans la Salle des Antiques du Louvre et dans la Grande Galerie du Palais de Versailles; entrée au Louvre en 1798.* **Italie.**

590. — Trois femmes tourelées représentant trois Villes; bas-relief. *Coll. Borg.*

593. — Le Tibre; statue colossale; le dieu à demi couché, nu, couronné de feuillage, tient une rame et une corne d'abondance; il est groupé avec la louve allaitant Romulus et Rémus. Sur les tranches de la base, scènes en relief se rapportant à la légende de l'arrivée d'Énée à l'embouchure du Tibre. *Découvert au XVIe siècle en même temps que le Nil conservé au Vatican; Musée du Vatican.* **Rome.**

594 et 595. — Jeunes Satyres, vêtus de la nébride, jouant de la flûte, appuyés sur un pilastre. *Coll. Borg.*

596. — Inscription latine de l'année 140: décret du municipe de Gabies acceptant une fondation faite en l'honneur de Domitia, femme de l'empereur Domitien et fille de Corbulon. *Coll. Borg.* **Gabies.**

597 à 600. — Quatre Satyres barbus ayant servi d'atlantes. *Coll. Albani. Échangés en 1815 contre quatre Caryatides de la collection du cardinal Mazarin, aujourd'hui à la Glyptothèque de Munich.*

651. — Frise ornée d'emblèmes de sacerdoce et de sacrifice; bas-relief. **Rome.**

602. — Esculape et Hygie; bas-relief arrondi avec inscription votive. *Coll. Borg.* **Rome.**

A droite :

603 et 608. — Colonnes en vert antique. *Anc. Salle u. Antiques du Louvre.*

604. — Buste d'un barbare.

606. — Diane drapée, dite Érato.

609. — Tête d'un Romain imberbe.

2244. — Vénus nue, accroupie; torse d'une réplique du même type que la Vénus n° 2240 (voy. plus loin); les jambes en plâtre ont été moulées sur cette dernière. **Tyr.**

612, 615, 617 et 619. — Colonnes en granit. *Faites avec des débris de colonnes rapportées d'Égypte.*

613. — Tête d'un jeune Romain, aux cheveux frisés.

614. — Apollon debout, nu, tenant une flèche, appuyé à un tronc d'arbre autour duquel s'enroule un serpent. *Coll. du cardinal de Richelieu; Château de Richelieu.*

616. — Tête de jeune femme, la chevelure en chignon sur la nuque.

618. — Tête de femme aux cheveux longs et bouclés.

862. — Torse d'homme nu, de beau style; le bras droit levé était tendu en avant. *Don Ch. Cordier.* **Ile de Paros.**

622. — Bacchus debout, nu, une nébride attachée sur l'épaule, la main droite sur la tête, le bras posé sur un tronc d'arbre qu'entoure un cep de vigne, dit Bacchus de Versailles. *Coll. du Roi; Palais du Louvre, puis Galerie de Versailles.*

623. — Support moderne à tête de griffon. *Coll. Borg.*

624. — Buste de jeune fille, aux cheveux ondulés.

637. — Support moderne à tête de griffon. *Coll. Borg.*

638. — Vénus, les cheveux noués sur le sommet de la tête; tête.

639. — Esculape à demi drapé, avec un serpent à ses pieds. *Coll. Albani*

640. — Jupiter diadémé, dit Jupiter Trophonios; tête. *Coll. du prince de Talleyrand.*

641, 644, 646 et 649. — Colonnes en granit. *Faites avec des débris de colonnes rapportées d'Égypte.*

642. – Tête d'une jeune Romaine, aux cheveux bouclés.

643. — Junon drapée et diadémée. Italie,

645. — Bacchus couronné de pampres; tête.

647. — Tête d'enfant souriant.

658. — Muse drapée; les avant-bras et l'extrémité des pieds, qui manquent, étaient rapportés. **Patissia, Environs d'Athènes.**

650. — Tête de jeune femme aux cheveux en bandeaux.

651 et 655. — Colonnes en vert antique. *Anc. Salle des Antiques du Louvre.*

652. — Tête d'un Romain imberbe, de la fin de la République.

653. — Junon drapée et diadémée, tenant une patère. *Coll. du cardinal de Richelieu ; Château de Richelieu.*

A gauche :

657 et 662. — Colonnes en vert antique. *Anc. Salle des Antiques du Louvre.*

658. — Buste d'un Romain imberbe. *Coll. Borg.*

660. — Diane vêtue d'une tunique et d'un manteau, dite la Zingarella (la petite bohémienne); la tête, les bras et les pieds, en bronze, sont l'œuvre de l'Algarde. *Coll. Borg.* **Rome.**

661. — Les forges de Vulcain; bas-relief; imitation de l'antique. *Coll. du cardinal de Polignac; Château de Berlin. Échangé en 1815 contre un bas-relief delphique de la collection Albani.* **Rome.**

3089. — Vénus nue; belle réplique du type de la Vénus rattachant sa sandale; au cou, un collier avec un médaillon. *Legs J. Maciet.*

3090. — Trois danseuses; bas-relief. *Legs J. Maciet.* **Italie.**

663. — Élagabale ; tête.

2240. — Vénus nue, accroupie, avec les reste de la main gauche d'un Amour sur le dos, dite Vénus de Vienne ; la plus belle réplique de ce type. **Sainte-Colombe, près Vienne.**

3379. — Torse de Jupiter, armé de l'égide, avec la tête de Méduse sur l'épaule gauche. **Théâtre de Falerone.**

664. — Torse d'un jeune Satyre vêtu de la nébride, la main gauche sur la hanche, d'un travail très fin et très délicat ; réplique d'un Satyre de Praxitèle. *Fouilles de Napoléon III.* **Jardins Farnèse au Palatin à Rome.**

666. — Autel astrologique, avec les têtes des douze divinités de l'Olympe et les signes du zodiaque. *Coll. Borg.* **Gabies.**

667. — Autel rond, orné d'une bacchanale. *Musée du Vatican.*

669. — Isis gréco-romaine, diadémée ; tête. *Coll. Salt.*

670. — Femme drapée, restaurée en Cérès. *Coll. Borg.*

671. — Tête d'athlète. *Don Audéoud ; Cession du Musée de Cluny.*

3091. — Centaure marin enlevant Silène. *Envoi du prince Albani à Louis XIV. Grand escalier de Versailles,* puis *Grand Trianon. Cession du Musée de Versailles.*

2238. — Bacchus barbu et Ariane ; double buste ; imitation du style archaïque. *Coll. Camp.*

665. — Torse d'un jeune Satyre vêtu de la nébride, la main gauche sur la hanche. *Don Gautier de Claubry.* **Apollonie d'Épire.**

668. — Apollon debout, nu ; sur les épaules, extrémités des boucles de la chevelure ; torse d'un travail délicat. **Rome.**

2239. — Deux masques de théâtre, barbus, adossés ; double buste. *Coll. Camp.*

675. — Apollon ; tête ; réplique de l'Apollon Sauroctone (voy. le n° 441, salle de la Pallas de Velletri). *Don Audéoud ; Cession du Musée de Cluny.*

676. — Ariane drapée, portant une grappe de raisin dans un pli de sa tunique. *Coll. Borg.* **Rome.**

677. — Tête de Satyre, dit le Faune d'Arles. **Trinquetaille, près Arles.**

678. — Torse d'homme nu, un pan de draperie attaché sur l'épaule gauche. *Jardin du Luxembourg*.

679. — Margelle de puits : Apollon jouant de la lyre et conduisant une procession bachique. *Coll. Choiseul*.

3092. — Le Nil, à demi couché; statuette.

680 et 684. — Colonnes en vert antique. *Anc. Salle des Antiques du Louvre*.

681. — Buste d'une jeune Romaine, les cheveux relevés.

682. — Jeune fille romaine, vêtue d'une tunique et d'un manteau.

685. — Tête d'un Romain barbu.

XII. — SALLE GRECQUE
MONUMENTS ARCHAÏQUES

2707 et 2708. — Femmes debout, nues; statuettes de style primitif. *Don Hinstin*. Ile de Paros.

3093. — Femme debout, nue; statuette de style primitif. Ile de Naxos.

2709. — Tête de style primitif. *Don Rayet*. Ilot de Kéros, près de Naxos.

3094 et 3095. — Têtes de style primitif. *Don J. Delamarre*. Ile d'Amorgos.

3096. — Vase d'époque mycénienne, avec anses rudimentaires percées de trous. *Don J. Delamarre*. Ile d'Amorgos.

3097. — Lampes mycéniennes en pierre violacée. Ile de Rhodes.

3098. — Femme debout drapée; la tunique serrée à la taille par une large ceinture est ornée de dessins incisés; la chevelure forme une abondante perruque retombant en boucles sur le dos et sur les épaules; statuette archaïque de style crétois. *Dépôt du Musée d'Auxerre*.

3099. — Fragment de bas-relief de style archaïque crétois : tête imberbe, à la chevelure abondante, la pupille des yeux creusée pour être incrustée, dans un encadrement rectangulaire en forte saillie. **Malessina (Locride).**

3100. — Femme drapée, assise ; petite statuette de style archaïque, avec traces de peinture. **Chalcis.**

3380. — Partie supérieure d'une statuette de femme drapée assise, de style archaïque. *Don P. Gaudin.* **Environs de Clazomène.**

686. — Junon drapée, statue offrant peut-être la copie d'un ancien ex-voto de bois en forme de colonne ; la tête manque ; l'inscription du dédicant est gravée en une ligne verticale sur le bord antérieur du manteau. *Envoi P. Girard.* **Temple de Junon à Samos.**

687. — Apollon ; torse de style archaïque ; les longues mèches de la chevelure qui tombent sur le dos sont liées par une bandelette. *Envoi Champoiseau, consul de France,* **Temple d'Apollon à Actium.**

688. — Apollon ; torse semblable au précédent ; les deux bras collés au corps sont complets ; la chevelure est plus courte et s'étale entre les deux épaules. *Envoi Champoiseau.* **Temple d'Apollon à Actium.**

3101. — Apollon ; statue de style archaïque, la chevelure ceinte d'une bandelette forme une rangée de boucles sur le front et tombe sur le dos en une large masse quadrillée. **Ile de Paros.**

696. — Bas-relief en trois morceaux, représentant Apollon vainqueur, Hermès, les Charites et les Nymphes ; chaque figure portait des ornements en métal (couronnes, fibules, cordes de la lyre, caducée). Deux inscriptions grecques, d'époques différentes, sont gravées au-dessus de la niche qui occupe le centre du morceau principal. Le monument a été débité à une basse époque, probablement pour faire un sarcophage. *Mission Miller.* **Prytaneion de Thasos.**

3103. — Aphrodite assise sur un fauteuil à dossier, tenant une colombe et un fruit ; petit bas-relief archaïque. **Ile de Thasos.**

704 et 705. — Lions accroupis, se faisant pendant ; bas-reliefs de style archaïque. *Mission Miller.* **Liménas (Ile de Thasos).**

697. — Bas-relief de style très archaïque, ayant sans doute formé le bras d'un siège à dossier, terminé par un avant-corps de griffon : Agamemnon assis sur son siège royal est accompagné de ses deux hérauts, désignés par leurs noms, Talthybios et Epeos, debout derrière lui. *Coll. Choiseul.* **Ile de Samothrace.**

701. — Bas-relief dit l'Exaltation de la fleur : deux femmes drapées se regardant et tenant une fleur épanouie. *Mission Heuzey et Daumet.* **Pharsale.**

3104. — Tête d'homme d'ancien style attique ; la chevelure disposée en mèches soigneusement travaillées est ceinte d'une couronne de chêne ; traces de couleur rouge. *Legs G. Rampin, secrétaire d'ambassade.* **Athènes.**

2712. — Bacchus barbu ; tête de style archaïque. **Athènes.**

2713. — Tête, jambe et main gauches d'une statue d'homme demi-nature, d'ancien style attique ; la tête porte de longs cheveux ondulés, serrés par une bandelette. **Athènes.**

2714. — Bacchus barbu ; tête provenant d'un double hermès de style archaïque. *Coll. Jérichau.*

2715. — Tête archaïque barbue. **Athènes.**

2718. — Fragment d'une tête barbue, d'ancien style attique ; les cheveux et la barbe en pointe sont indiqués par un simple brettelage. *Coll. Fauvel.* **Grèce.**

693. — Tête d'homme imberbe, avec la chevelure bouclée, d'ancien style attique. **Athènes.**

3105. — Tête d'homme d'ancien style attique. **Athènes.**

691. — Apollon ; tête ; réplique d'un original du ve siècle attribué au sculpteur Calamis ; d'autres exemplaires sont conservés à Athènes, à Londres (Apollon Choiseul-Gouffier), etc. **Italie.**

692. — Apollon ; tête ; réplique d'un original du milieu du ve siècle dont l'exemplaire le plus connu est au Musée de Cassel (voy. aussi le n° 884, rotonde de Mars). **Grèce.**

3106. — Tête de femme; la chevelure ceinte d'une bande-lette encadre le visage en couvrant les oreilles, dont le haut seul est visible; réplique d'un original attribué à Calamis. *Palais Borghèse à Rome.*

694. — Mercure barbu; tête de style archaïque. **Athènes.**

2717. — Petit torse de femme drapée, en costume ionien; l'extrémité des mèches de la chevelure tombe sur les épaules. *Rapporté par Ph. Le Bas; Coll. Gréau.* **Athènes.**

3108. — Main gauche. **Grèce (?).**

3109. — Tête de Minerve casquée, autrefois complétée par des parties en métal. *Donné au Louvre en souvenir du marquis de Voguë, membre de l'Institut, par ses enfants.* Égine.

TEMPLE DE JUPITER A OLYMPIE

Le célèbre temple de Zeus à Olympie, d'ordre dorique, fut construit un peu avant le milieu du v⁽ siècle av. J.-C., par l'architecte Libon. En 1829, lors de l'expédition française en Morée, une commission de savants fut adjointe à l'armée d'occupation. D'après les instructions rédigées par l'Institut, J.-J. Dubois et A. Blouet entreprirent des fouilles à Olympie et découvrirent un certain nombre de fragments. L'expédition scientifique de Morée enrichit ainsi le Louvre de précieux marbres offerts au gouvernement français par le Sénat hellénique réuni à Argos. Ils proviennent pour la plupart des métopes, qui se rapportent aux travaux d'Hercule. De nouvelles découvertes faites par une mission allemande, de 1875 à 1881, ont permis de compléter, à l'aide de moulages, deux des métopes exposées au Louvre et ont donné en outre de nouvelles métopes, les figures des deux frontons, la Victoire de Paeonios et le célèbre Hermès de Praxitèle : le produit de ces fouilles allemandes est conservé au Musée d'Olympie.

Sur le mur en face et dans l'enfoncement à droite :

716. — Hercule domptant le taureau de Crète. L'épaule droite d'Hercule, ainsi que la face du taureau et ses jambes de derrière, avec la partie inférieure du fond, sont moulés sur les fragments originaux conservés à Olympie. *Fouilles d'A. Blouet.*

717. — Hercule apportant à Minerve un des oiseaux du lac Stymphale. Le personnage d'Hercule, moins la tête et le bras droit, ainsi que les morceaux du fond, sont des moulages. *Fouilles d'A. Blouet.*

718. — Hercule vainqueur du lion de Némée : le Louvre ne possède que le lion terrassé, sur lequel on voit le pied droit du héros, une partie de sa jambe gauche et l'extrémité de la massue. *Fouilles d'A. Blouet.*

720. — Hercule luttant contre le triple Géryon : fragment du monstre au triple corps armé d'un grand bouclier. *Fouilles de J.-J. Dubois.*

PARTHÉNON

La construction du Parthénon sur l'Acropole d'Athènes fut confiée par Périclès, en l'année 447 av. J -C. aux architectes Ictinos et Callicratès, sous la direction de Phidias. La plupart des sculptures qui le décoraient et qui subsistaient encore à la fin du XVIII° siècle ont été enlevées par lord Elgin et vendues par lui en 1816 au Musée Britannique, où elles sont conservées aujourd'hui.

Sur le mur du fond de la salle,
dans l'enfoncement à droite et dans des vitrines ;

736. — Métope représentant un Centaure enlevant une femme ; dixième métope de la face méridionale. *Recueilli par Fauvel ; Coll. Choiseul.*

737. — Tête de Lapithe, provenant de la septième métope de la face méridionale conservée aujourd'hui au Musée Britannique. *Tr. dans la mer au Pirée ; acquis en 1881.*

738. — Fragment de la frise représentant la procession des grandes Panathénées, qui ornait extérieurement la cella : panneau de la face orientale, comprenant six jeunes filles s'avançant deux par deux et deux prêtres. *Recueilli par Fauvel ; saisi pendant la Révolution dans la collection du comte de Choiseul-Gouffier.*

3110. — Tête de jeune homme, fragment de la frise. *Donné au Louvre par Mlle L. de la Coulonche en souvenir de son père, M. A. de la Coulonche, maître de conférences à l'École normale supérieure, et de son grand-père, M. Daveluy, premier directeur de l'École française d'Athènes.*

2720. — Fragment d'architecture, comprenant l'extrémité inférieure d'un triglyphe avec une goutte. *Don E. Piot.*

3381. — Fragment d'architecture, comprenant une goutte d'un triglyphe. *Don O. Weiss.* **Éleusis.**

BAS-RELIEFS VOTIFS

741. — Offrande à Bacchus sous la forme d'un banquet sacré; belle répétition d'un sujet autrefois dénommé Bacchus chez Icarios. **Le Pirée.**

742. — Adorant debout, tourné vers Mars qu'accompagne une déesse drapée et voilée lui versant à boire. *Coll. Nointel, puis Coll. de l'Académie des Inscriptions ; Musée des Monuments français.* **Grèce.**

743. — Sosippos et son fils invoquant Thésée, représenté debout, nu, portant la main droite au bonnet conique dont il est coiffé. *Mission Ph. Le Bas.* **Attique.**

746. — Offrande aux Dioscures : homme et femme drapés auprès d'un autel, devant un lit et une table chargée de mets ; au-dessus Victoire ailée, tenant une couronne, et les Dioscures galopant dans les airs ; au fronton le Soleil dans son quadrige ; ex-voto de Danaa. *Mission Heuzey et Daumet.* **Larisse.**

747. — Banquet sacré : héros à demi nu, couché, tenant un rhyton, femme assise tenant un coffret, et sept adorants; dans le champ une tête de cheval. *Coll. L. Hugo ; Don de l'Académie des Inscriptions.* **Athènes.**

750. — Deux adorants devant un cavalier placé sur une estrade, en avant d'un tronc d'arbre ; dans le champ un autel avec un feu allumé. *Coll. Rayet.* **Béotie.**

753. — Adorant devant trois divinités : Jupiter assis accompagné d'une déesse drapée, portant une aiguière, et d'un jeune dieu dont la chlamyde flotte derrière le dos. *Coll. Borrell, de Smyrne; Mission Ph. Le Bas.* **Gortyne (Ile de Crète).**

755. — Famille composée de sept personnages, devant un autel, offrant un taureau en sacrifice à deux divinités : un dieu barbu assis et une déesse debout, drapée, la main droite appuyée contre un disque posé sur un pilastre. *Coll. Révil.* **Grèce.**

756. — Procession de suppliants, devant un autel, offrant une chèvre en sacrifice à Déméter, représentée debout, tenant une patère et une torche. **Grèce.**

2417. — Banquet sacré : héros à demi nu, coiffé du modius, tenant un rhython, couché devant une table rectangulaire chargée de mets ; femme drapée assise, tenant un coffret ; famille de cinq personnages et serviteurs offrant une truie en sacrifice ; traces de couleur. **Mégare.**

MONUMENTS FUNÉRAIRES

766. — Femme assise tenant un coffret, la chevelure entourée d'une pièce d'étoffe ; grande stèle funéraire de Philis, fille de Cléomédès. *Mission Miller.* **Port de Panagia (Ile de Thasos).**

3111. — Femme drapée et voilée, assise ; fragment d'une grande stèle funéraire en très haut relief. *Coll. Choiseul. Envoi de l'ambassadeur de France, M. Constans.* **Grèce.**

3112. — Femme drapée ; partie supérieure de la figure en très haut relief d'une grande stèle funéraire. **Grèce.**

2872. — Grande stèle funéraire : femme debout drapée et une servante, tenant chacune un enfant. *Coll. Nointel, puis Coll. de l'Académie des Inscriptions ; Musée des Monuments français.* **Grèce.**

767. — Famille composée d'un homme debout donnant la main à une femme voilée assise, d'une jeune femme voilée et d'une servante ; grande stèle funéraire à fronton portant les noms de Phainippos et de Mnésarété. **Attique.**

3063. — Stèle funéraire d'Erasippos et de Mexias : deux hommes debout en costume militaire, se donnant la main. *Acquis sur les arrérages du legs Sévène.* **Athènes.**

3382. — Stèle funéraire de Ktésikratès : guerrier cuirassé et casqué marchant rapidement à droite. **Phalère.**

3065. — Grande stèle funéraire en haut-relief : homme barbu assis, donnant la main à un homme debout. **Kératéa (Attique).**

3113. — Grande stèle funéraire : femme debout donnant la main à une femme assise ; entre elles, une servante portant un coffret et un jeune garçon ; à droite, autre servante portant un enfant emmaillotté. **Athènes.**

3383. — Femme drapée assise, de trois quarts à gauche ; partie d'une grande stèle funéraire en très haut relief. **Environs d'Athènes.**

768. — Homme debout donnant la main à une femme voilée assise : grande stèle funéraire à fronton portant les noms de Kallistraté, Kallippos, Aristotélès et Philokydès ; le corps de la femme est presque tout entier moderne. *Coll. Fauvel.* **Porte du Dipylon à Athènes.**

3114. — Grande stèle funéraire : jeune homme debout, nu, tenant un strigile, petit serviteur et deux lévriers. **Athènes.**

769. — Homme assis, à demi drapé, tenant un bâton, la main droite abaissée posée sur un disque ; stèle funéraire de Sosinos de Gortyne, fondeur de bronze. *Coll. Fauvel.* **Le Pirée.**

806. — Femme assise ; devant elle une jeune fille debout ; stèle funéraire de Myrtia et de Képhisia. *Don du vice-amiral Massieu de Clerval.* **Athènes.**

770. — Femme accoudée ; fragment d'une grande stèle funéraire. *Coll. Finlay.* **Athènes.**

772. — Homme barbu s'appuyant sur un bâton ; devant lui les restes d'une figure de femme ; fragment d'une grande stèle funéraire. *Coll. Finlay.* **Athènes.**

3118. — Grande stèle à fronton de Phainippos, décorée d'une loutrophore en fort relief richement ornée. *Don de la Société des Amis du Louvre.* **Athènes.**

783. — Stèle funéraire d'Archédémos et de sa famille, ornée d'une loutrophore dont la panse porte trois figures debout : un jeune homme donnant la main à son père et une femme debout derrière lui. *Coll. Fauvel.* **Marousi, Environs d'Athènes.**

3119. — Stèle funéraire d'Aischron, ornée d'une loutro-phore, dont la panse porte deux figures : jeune homme donnant la main à un homme âgé assis. **Tr. près du cap Sunium aux environs d'Athènes.**

773. — Homme debout, appuyé sur un bâton, parlant à un enfant ; stèle funéraire d'Antiochos de Cnide. **Le Pirée.**

781. — Homme debout, accompagné de son cheval, donnant la main à une femme ; stèle funéraire de Philocharès et de Timagora, surmontée d'une palmette. *Coll. Nointel, puis Coll. de l'Académie des Inscriptions ; Musée des Monuments français.* **Athènes.**

792. — Femme assise donnant la main à une jeune fille, en présence d'un homme debout ; stèle funéraire, à fronton arrondi, de Lysimaché. *Coll. Fauvel.* **Athènes.**

777. — Homme debout, donnant la main à une femme assise ; stèle funéraire de Rhodé. *Coll. Choiseul.* **Athènes.**

775. — Homme et femme debout se donnant la main ; partie supérieure d'une stèle funéraire à fronton. *Coll. Fauvel.* **Attique.**

818. — Fragment supérieur de la stèle funéraire de Peitha, avec la figure de la jeune défunte. *Coll. Sartiges.* **Athènes.**

814. — Femme voilée assise, tenant par les ailes un oiseau que saisit un jeune enfant ; stèle funéraire à fronton. *Coll. de Breuvery.* **Gortyne (Ile de Crète).**

793. — Femme assise, entre un homme debout et une femme voilée qui lui donne la main ; stèle funéraire à fronton d'Euthyléa. *Mission Ph. Le Bas.* **Grèce.**

808. — Homme debout, donnant la main à une femme assise accompagnée d'un enfant ; stèle funéraire à fronton d'Héracleidas et de sa famille. **Grèce.**

MONUMENTS DIVERS

828. — Tête de Déméter voilée, provenant d'une statue de beau style. *Mission Heuzey et Daumet.* **Apollonie d'Épire.**

829. — Femme drapée, de beau style ; le mouvement rappelle celui des Niobides ; la tête et les avant-bras étaient sculptés à part. *Envoi du général Schneider, commandant les troupes françaises en Morée.* **Patras.**

847. — Minerve drapée et casquée, tenant une ciste d'où s'échappe le serpent Erichthonios. **Ile de Crète.**

855. — Fragment d'une statue d'Alexandre le Grand, dit Inopus. *Don du peintre E.-A. Gibelin.* **Ile de Délos.**

859. — Femme à demi drapée, le sein gauche à découvert, portant un enfant sur le bras gauche : fragment de haut relief. *Coll. Finlay.* **Athènes (?).**

2711. — Femme drapée, agenouillée, les cheveux épars, la main gauche ramenée sur la poitrine. *Don Blouet.* **Ile de Délos.**

2721. — Mercure debout, nu, une chlamyde portant des restes de couleur rouge jetée sur le bras gauche ; statuette de beau style. *Coll. Sartiges.* **Athènes.**

2519. — Tête d'éphèbe, la chevelure ceinte d'une bandelette. **Le Pirée.**

2524. — Tête de Sophocle. **Le Pirée.**

3121. — Tête de femme, la chevelure entourée d'une double bandelette, semblant provenir d'un haut-relief. **Thèbes.**

3122. — Tête de femme, la chevelure entourée d'une bande-. lette. **Environs de Képhisia.**

3123. — Tête d'enfant, de style praxitélien. *Don de la Société des Amis du Louvre.* **Le Pirée.**

2716. — Jupiter, la chevelure ceinte d'une bandelette : tête. *Don F. Lenormant.* **Éleusis.**

3124. — Tête de femme, de beau style ; les yeux creux étaient incrustés. *Legs J. Maciet.*

2723. — Petite stèle à fronton, ornée sur ses deux faces d'une figure de divinité féminine drapée, tenant une torche et accompagnée d'un chien. **Athènes.**

2414. — Fragment d'un en-tête de décret, représentant Minerve drapée et casquée, debout, armée d'une lance et d'un bouclier ; au-dessous, restes d'une inscription grecque. *Don Blouet.* **Grèce.**

836. — Héros thessalien cuirassé et casqué, sur un cheval au galop ; bas-relief. *Mission Heuzey et Daumet*. Pelinna (Thessalie).

857. — Lion terrassant un taureau ; bas-relief reproduisant un sujet gravé au revers des monnaies d'Acanthe en Macédoine.

839. — Cadran solaire supporté par deux griffes de lion et orné d'une rosace. *Coll. Choiseul*. Athènes.

838. — Support circulaire orné d'une griffe de lion. *Mission Miller*. Ile de Thasos.

XIII. — ROTONDE DE MARS

Au centre :

866. — Mars debout, nu, casqué, la jambe droite avancée, connu sous le nom d'Achille Borghèse à cause de l'anneau qu'il porte au bas de la jambe droite ; réplique d'un bel original du ve siècle av. J.-C. dont il existe plusieurs exemplaires (voy. le n° 290, salle du sarcophage de Médée). *Coll. Borg*.

Autour de la salle :

867. — Tête de femme, la chevelure enveloppée d'une pièce d'étoffe maintenue par des bandelettes, dite Sapho ; les yeux étaient incrustés. Cagli (Italie).

850. — Tête d'éphèbe. Ile de Cos.

868. — Nymphe drapée, le pied droit posé sur une sphère, portant une amphore sur l'épaule gauche, dite Nausicaa ou Anchyrrhoé. *Château d'Écouen, puis Jardins de Versailles*.

674. — Minerve drapée et casquée ; imitation du style archaïque. *Palais ducal de Modène*.

81. — Mercure et Apollon debout, nus ; groupe de style archaïsant dit autrefois Mercure et Vulcain. *Coll. Borg.*

673. — Déesse drapée, restaurée en Espérance, tenant une fleur de la main droite avancée ; imitation du style archaïque.

690. — Torse d'Apollon citharède, de style archaïque, vêtu d'une tunique finement plissée et d'un manteau ; trois longues boucles tombent sur chaque épaule. *Château de Sceaux, puis Bibliothèque Mazarine.*

885. — Bacchus barbu, la chevelure entourée d'une pièce d'étoffe ; buste ; imitation du style archaïque. *Coll. Camp.*

549. — Cippe funéraire de C. Trausius Luchrio, orné d'un aigle dans un médaillon. *Coll. Borg.* **Rome.**

391. — Jupiter assis, Junon et Hébé debout ; bas-relief de beau style. *Coll. Borg.*

886. — Bacchus barbu ; les cheveux tombent en longue masse sur le dos ; buste ; imitation du style archaïque. *Coll. Camp.*

672. — Grande base triangulaire, dite autel des douze Dieux ; on y voit représentés les douze grands dieux, les Grâces, les Heures et les Euménides ; imitation du style archaïque. *Coll. Borg.* **Gabies.**

887. — Mercure barbu ; la chevelure bouclée est ceinte d'une bandelette ; buste ; imitation du style archaïque. *Coll. Camp.*

534. — Cippe funéraire d'Hostilia Atthis. *Coll. Borg.* **Rome.**

854. — Adieux d'Orphée à Eurydice que Mercure s'apprête à ramener aux enfers ; l'inscription donnant les noms de Zetus, Antiope et Amphion date de la Renaissance ; il existe à Naples et à Rome (Villa Albani) des répétitions de ce célèbre bas-relief. *Musée du Capitole, puis Coll. Borg.*

888. — Mercure barbu, la chevelure ceinte d'une bandelette ; buste ; imitation du style archaïque. *Coll. Camp.*

689. — Apollon debout, nu, tenant sa lyre de la main gauche ; réplique d'un original du milieu du v⁰ siècle av. J.-C., dont il existe des répétitions à Mantoue et à Naples (Apollon de Pompéï). *Château de Sceaux, puis Bibliothèque Mazarine.*

962. — Pan, trois Nymphes et restes d'un Amour; bas-relief votif; imitation du style archaïque.

968. — Bacchus barbu, suivi des Saisons; bas-relief; imitation du style archaïque. *Coll. Albani.*

969. — Guerrier grec, barbu, cuirassé et casqué, et la Victoire, debout de part et d'autre d'une colonne surmontée d'une statue de Minerve; bas-relief; imitation du style archaïque. *Coll. Winckelmann, puis Coll. Albani.*

6 8 et 699. — Fragments d'une frise représentant des danseuses et une musicienne. *Envoi Champoiseau.* Ile de Samothrace.

700. — Chapiteau de pilastre: griffons dévorant une biche. *Envoi Champoiseau.* Ile de Samothrace.

442. — Vase orné d'un autel auprès duquel s'avance une procession composée de Mercure, Bacchus, Apollon, Diane, deux Ménades et un Satyre; sur la base de l'autel le nom de l'artiste Sosibios d'Athènes; imitation du style archaïque. *Coll. du Roi; Château de Versailles.*

963. — Hercule emportant le trépied d'Apollon, que le dieu cherche à retenir; bas-relief delphique; imitation du style archaïque. *Coll. Albani.*

484. — Apollon, Diane et la Victoire; bas-relief delphique; imitation du style archaïque. *Coll. Albani.*

3125. — Fragment d'un bas-relief delphique: buste d'une déesse; autrefois restauré en sacrifice à Ariane. *Coll. Albani.*

965. — Apollon drapé, portant la lyre, et la Victoire faisant une libation au-dessus de l'omphalos; bas-relief delphique; imitation du style archaïque. *Coll. Nointel, puis Coll. de l'Académie des Inscriptions; Musée des Monuments français.*

519. — Apollon, Diane et Latone, devant un pilier surmonté d'une statue; bas-relief delphique; imitation du style archaïque. *Coll. Albani.*

683 — Apollon, Diane et Latone, devant la Victoire; au second plan un temple; bas-relief delphique; imitation du style archaïque.

964. — Apollon drapé, portant la lyre, Diane tenant une

torche et la Victoire faisant une libation ; bas-relief delphique ; imitation du style archaïque. *Coll. Albani.*

966. — Latone drapée et diadémée, tenant un sceptre; fragment d'un bas-relief delphique; imitation du style archaïque. *Coll. Albani.*

911. — Bacchante drapée et couronnée de pampres, la tunique recouverte d'une nébride. *Coll. Mattei, puis Château de Louveciennes.* **Rome.**

914. — Femme drapée, restaurée en Melpomène. *Coll. Camp.*

915. — Mercure barbu; la chevelure tombe en masse sur le dos; buste; imitation du style archaïque. *Coll. Camp.*

889. — Pugiliste debout, nu, la jambe droite portée en avant, dans l'attitude du combat, dit Pollux. *Coll. Borg.*

917. — Mercure barbu; la chevelure ceinte d'une bandelette; buste; imitation du style archaïque. *Coll. Camp.*

918. — Femme drapée, dans la pose dite de la Pudicité. *Coll. du Roi; Grande Galerie du Palais de Versailles.*

919. — Tête d'un Romain âgé, du temps de la République. **Rome.**

920. — Personnage romain drapé, une capsa à ses pieds; la tête, dont il existe plusieurs répliques, d'ordinaire dénommée Sénèque, a été diversement identifiée. *Coll. Camp.* **Tusculum,**

921. — Tête du même personnage. *Don Siau.* **Auch.**

1080 et 1099. — Bucrânes reliés par des guirlandes; fragments d'une frise. *Coll. Borg.*

2283. — Junon drapée, diadémée et voilée, tenant une patère. *Palais Altemps à Rome; Coll. Camp.*

925. — Corbulon; buste. *Coll. Borg.* **Gabies.**

890. — Homme nu, debout, un pan de draperie sur l'épaule gauche; réplique du Diomède de la Glyptothèque de Munich. *Château d'Écouen, puis Bibliothèque Mazarine.*

923. — Corbulon; buste. *Coll. Borg.* **Gabies.**

926. — Femme grecque, drapée et voilée; statue funéraire attique. *Coll. Camp.*

927. — Mercure barbu, la chevelure ceinte d'une bandelette; buste; imitation du style archaïque. *Coll. Camp.*

884. — Apollon debout, nu, dit Bonus Eventus; réplique d'un original du vᵉ siècle av. J.-C. (voy. le nᵒ 692, salle Grecque). *Coll. du cardinal de Richelieu; Château de Richelieu.*

929. — Mercure barbu, la chevelure ceinte d'une bandelette; buste; imitation du style archaïque. *Coll. Camp.*

930. — Femme romaine, drapée dans un manteau à franges, couronnée d'épis, dite Julie en Cérès. *Coll. du Roi.*

851. — Tête de jeune fille. *Coll. Jérichau.*

931. — Mars casqué; tête de beau style; réplique d'un original connu.

Dans une niche au-dessus de la porte :

932. — Buste cuirassé d'un Romain âgé imberbe.

Les statues et bustes exposés dans les salles de Mécène, des Saisons, de la Paix, de Septime Sévère, des Antonins et d'Auguste, sont classés au point de vue iconographique. Le visiteur y trouvera une riche collection de portraits d'empereurs romains, de princes et de princesses de la famille impériale et de divers autres personnages, groupés, autant que possible, par époque.

XIV. — SALLE DE MÉCÈNE

A droite :

1005. — Buste d'un Romain imberbe. *Cession du Musée de Cluny.*

1352. — Tête d'un Romain âgé, imberbe.

2577. — Tête d'un Romain imberbe, provenant d'une statue. Ile de Cos.

2368. — Buste d'un Romain chauve et imberbe.

1357. — Tête d'un Romain imberbe.

978 et 1089. — Haruspice romain consultant les entrailles d'un taureau et cérémonie religieuse devant le Temple de Jupiter Capitolin; sur le sabot du taureau est gravé le nom de M. Ulpius Orestes; grand bas-relief provenant de la décoration d'un édifice, peut-être du Forum de Trajan. *Musée du Capitole, puis Coll. Borg.* **Rome.**

3126. — Griffons séparés par des vases; fragment d'une frise monumentale (voy. plus loin le n° 986). *Palais della Valle à Rome, puis Coll. du cardinal Fesch.*

999. — Tête d'un Romain imberbe.

1007. — Buste drapé d'un Romain imberbe.

998. — Buste d'un Romain imberbe. *Don de Madame Adélaïde.*

1098. — Scène de sacrifice : dix personnages et deux taureaux devant un édifice à colonnes doriques; grand bas-relief en plusieurs morceaux. *Coll. Borg.*

3127. — Griffons séparés par un vase; fragment d'une frise. *Coll. Borg.* **Rome.**

883. — Personnage debout, à demi nu, restauré en Mars casqué; sur le tronc d'arbre les noms des deux artistes Héraclidès, fils d'Agavos, d'Éphèse, et Harmatios.

988. — Buste d'un Romain imberbe, dit Lépide ou Cicéron.

Au centre :

975. — Monument consacré à Neptune par M. Domitius Ahenobarbus : sur la face principale, suovétaurilia, sacrifice d'un porc, d'un bélier et d'un taureau; le revers et les côtés, représentant Neptune et Amphitrite et leur cortège, sont des moulages d'après les originaux conservés à la Glyptothèque de Munich. *Palais Santa Croce à Rome, puis Coll. du cardinal Fesch.* **Rome.**

A gauche :

1001. — Tête d'un Romain imberbe.

997. — Buste d'homme aux cheveux bouclés.

992. — Fragment d'un grand bas-relief représentant un taureau conduit par deux victimaires en présence d'un magistrat
drapé et lauré et d'un joueur de flûte; dans le fond deux édifices, dont un temple à fronton soutenu par des colonnes corinthiennes ; la partie inférieure du bas-relief, avec la moitié des
personnages, manque. *Coll. Mattei, puis Coll. du cardinal
Fesch et Coll. Aguado.* **Rome.**

986. — Griffons séparés par des vases; fragment d'une frise
monumentale (voy. plus haut le n° 3126). *Palais della Valle
à Rome, puis Coll. du cardinal Fesch.* **Rome.**

982. — Griffons affrontés séparés par un vase; fragment
d'une frise monumentale. *Coll. Borg.* **Rome.**

2264. — Tête d'un Romain imberbe; les cheveux sont
indiqués au pointillé.

1002. — Buste d'un jeune Romain, enté sur un fleuron.

1096. — Scène de sacrifice: procession de treize personnages
drapés, deux autels, deux lauriers; les victimes sont un porc,
un bélier et un taureau (suovétaurilia); frise. *Palais Saint-
Marc à Rome, puis Bibliothèque Saint-Marc à Venise. Échangé
en 1815 contre un devant de sarcophage représentant la légende
des Niobides, provenant de la collection Borghèse, aujourd'hui
au Musée du Palais ducal à Venise.* **Rome.**

1097. — Fragment d'une scène de sacrifice ; morceau d'une
frise analogue à la précédente; les têtes du taureau et du bélier
sont modernes et ont été restaurées avec la partie postérieure
d'un bas-relief antique, dont le sujet est encore visible au revers.
Coll. Borg. **Rome.**

1079. — Soldats prétoriens, armés et casqués; grand bas-relief.
Coll. Mattei, puis Coll. du cardinal Fesch. **Rome.**

970. — Buste colossal en marbre noir, dit Néron. *Coll.
Camp.* **Tr. près du Forum à Rome.**

3128. — Isis, Sérapis, Horus enfant et Bacchus; fragment
d'un grand bas-relief provenant sans doute d'un arc de
triomphe de l'époque d'Hadrien. Une inscription chrétienne
(voy. le n° 3352, salle chrétienne) a été gravée au revers.
Tunisie (?).

1423. — Tête d'un Romain chauve et imberbe, au front proéminent. *Coll. Camp.*

976. — Romain drapé, de profil; fragment d'un grand bas-relief. *Coll. Borg.* **Rome.**

272. — Amour, terminé en fleuron, offrant à boire à un griffon; fragment de frise. *Coll. Borg.*

1099. — Palmettes et masques; fragments de frise. **Sanctuaire de Juturne sur le Forum à Rome.**

1501. — Grande plaque ornée d'un bucrâne et de guirlandes.

1088. — Fragment d'une procession : restes de sept personnages drapés et de deux enfants; bas-relief provenant de l'autel monumental consacré à la Paix par l'empereur Auguste. *Palais Aldobrandini, puis Coll. Camp.* **Tr. sur l'emplacement du Palais Fiano à Rome.**

412. — Combat entre un barbare et un soldat romain; fragment d'un grand bas-relief historique provenant sans doute du Forum du Trajan. **Rome.**

994. — Enfant romain; buste colossal. *Coll. Camp.*

993. — Buste d'un jeune homme en basalte.

30. — Personnage drapé, Rome et l'Abondance; fragment d'un grand bas-relief. *Coll. Borg.* **Rome.**

392. — Victoire sacrifiant un taureau en présence de Rome et de l'Abondance; bas-relief. *Coll. Borg.* **Rome.**

924. — M. Junius Brutus, debout, à demi drapé. *Coll. Camp.* **Environs de Tusculum.**

995. — Tête d'une dame romaine diadémée et voilée, dite Plotine.

XV. — SALLE DES SAISONS

Au centre :

1121. — Personnage drapé, une couronne sur la tête, dit à tort Julien l'Apostat à cause de sa prétendue provenance de

Paris; une autre statue du même personnage est conservée au
Musée de Cluny.

1010. — Honorius couronné de feuillage ; buste. *Coll. Borg.*

1011. — Femme debout drapée; la base arrondie est ornée de
fleurs.

1012. — Buste d'un empereur du Ve siècle, la tête couronnée
de chêne.

2365. — Buste d'une dame romaine de l'époque des Antonins.

1632. — Buste cuirassé d'un Romain barbu.

2362. — Buste d'une dame romaine de l'époque des Antonins;
sur la tunique Victoire ailée tenant une palme et une couronne.
Coll. du cardinal de Richelieu; Château de Richelieu.

1018. — Macrin ; buste. *Coll. Albani.*

1019. — Tiridate, roi des Parthes et d'Arménie; statue drapée
en costume asiatique. *Coll. Borg.*

1020. — Pupien; tête. *Coll. du cardinal de Richelieu;
Château de Richelieu.*

1021. — Constantin le Grand (?); buste colossal, la tête en
marbre blanc, la draperie en albâtre oriental. *Coll. Camp.*

1022. — Élagabale; buste.

1023. — Grand bas-relief mithriaque, avec le nom de
C. Aufidius Januarius : Mithras dans une grotte sacrifiant un
taureau; de part et d'autre deux personnages en costume asiatique; sur le sommet, les chars du Soleil et de la Lune; le plus
anciennement connu et l'un des plus célèbres monuments de ce
genre. *Coll. Borg.* Grotte mithriaque du Capitole à Rome.

1024. — Mithras dans une grotte sacrifiant un taureau;
au-dessus, têtes du Soleil et de la Lune; bas-relief. *Coll.
Borg.* Rome (?).

1027. — Statue héroïque, dite Germanicus; le torse provient
d'une réplique du Diadumène de Polyclète. *Coll. Camp.*

1016. — Buste d'un Romain barbu, la toge ornée d'une large
bande de pourpre.

2331. — Alexandre Sévère jeune; tête.

1639. — Buste drapé et cuirassé d'un Romain barbu, aux cheveux bouclés.

2326. — Buste d'un jeune Romain imberbe. *Coll. Camp.*

1014. — Buste d'un Romain barbu, la toge ornée d'une large bande de pourpre. *Coll. Borg.*

1030. — Gallien; buste drapé. *Coll. Camp.*

1092. — Buste drapé d'un Romain barbu, du IIIe siècle. *Coll. Camp.*

1035. — Buste d'une dame romaine, du IIIe siècle, la chevelure formant double chignon sur la nuque. *Coll. Camp.*

A gauche :

1036. — Eugenius, la tête ceinte d'une couronne ajourée ; buste.

1037. — Dame romaine drapée, restaurée en Plotine. *Coll. Borg.* **Gabies.**

1038. — Philippe l'ancien; buste drapé. *Coll. Albani.*

2277. — Buste d'un Romain, la barbe indiquée par de légers traits. *Coll. Camp.*

1039. — Buste drapé, dit Alexandre Sévère. *Coll. Borg.*

2275. — Buste d'une dame romaine du temps de Trajan.

1015. — Buste d'un Romain âgé, avec un collier de barbe, la toge ornée d'une large bande de pourpre. *Coll. de Saint-Quentin ; Don du chevalier Martel.* **Carthage.**

2367. — Plotine ; buste. *Coll. Camp.*

1041. — Gallien ; buste drapé. *Coll. Albani.*

2311. — Tête d'homme barbu.

1042. — Gallien (?); buste drapé. *Coll. Camp.*

1043. — Dame romaine drapée, diadémée et voilée, dans la pose dite de la Pudicité. *Coll. du Roi.*

1068-1069. — Deux colonnes en porphyre présentant, dans le haut de leur fût, deux bustes en relief laurés et cuirassés, dits des deux Philippes. *Ancienne Basilique de Saint-Pierre, puis Palais Altemps.* **Rome.**

1025. — Mithras sacrifiant un taureau, de part et d'autre deux personnages en costume asiatique, dans les angles les bustes du Soleil et de la Lune ; bas-relief. *Coll. Borg.* Rome.

2345. — Rome drapée, le sein droit à découvert ; torse colossal de beau style. *Envoi du directeur de l'Académie de France à Rome, Horace Vernet.* Rome.

1026. — Petit groupe mithriaque avec inscription votive de Q. Fulvius Zoticus : Mithras sacrifiant un taureau. *Palais Ginetti à Velletri ; Coll. Camp.* Velletri.

1049. — Femme drapée et diadémée, dans la pose dite de la Pudicité.

1050. — Cornelia Salonina ; buste. *Coll. Camp.*

2310. — Tête d'une dame romaine de la fin du IIe siècle.

1051. — Alexandre Sévère ; buste. *Palais Braschi à Rome.*

2342. — Buste d'une dame romaine du IIIe siècle.

2280. — Buste d'une jeune Romaine du temps des Antonins. *Coll. Camp.*

2328. — Buste d'une dame romaine du temps des Antonins. *Coll. Camp.*

1053. — Julia Mammaea ; buste. *Coll. Camp.*

2261. — Tête d'une dame romaine de l'époque de Trajan.

1055. — Julia Maesa ; buste. *Coll. du Roi.*

1034. — Buste d'une dame romaine du IIIe siècle. *Coll. Camp.*

1031. — Pertinax (?) ; tête colossale. *Coll. Borg.*

1054. — Julia Maesa ; buste. *Coll. Albani (?).*

XVI. — SALLE DE LA PAIX

Au centre :

1075. — Julia Mammaea drapée, le sein gauche à découvert, restaurée avec les attributs de Cérès. *Coll. Borg.*

A droite :

1057. — Julia Paula drapée et diadémée; buste. *Coll. Borg.*

1092. — Buste d'un Romain barbu.

1085. — Julia Domna, coiffée d'une perruque mobile; buste. *Coll. Camp.*

1059. — Pupien debout, le bras droit levé; à ses pieds un tronc d'arbre et une corne d'abondance; statue héroïque. *Coll. Albani.*

1073. — Alexandre Sévère couronné de chêne; buste colossal. *Palais Braschi à Rome.*

3129. — Griffons affrontés de part et d'autre d'un candélabre; grand bas-relief arrondi, recouvert de peinture et transformé en dessus de porte.

1063. — Gordien III, à mi-corps; buste colossal cuirassé. *Coll. Borg.* **Gabies.**

1062. — Tranquilline drapée et voilée, restaurée en Cérès. *Coll. Borg.* **Rome.**

1336. — Julia Mammaea; buste, la tête en marbre gris, la draperie en marbre blanc.

1083. — Albin; buste drapé. *Coll. Albani.*

2224. — Albin; buste cuirassé, la cuirasse et la draperie en marbre rouge; imitation de l'antique. *Coll. Camp.*

A gauche :

1065. — Buste d'une dame romaine, du IIIe siècle, la main droite cachée sous la draperie. *Coll. Camp.*

1104. — Plautille; tête autrefois encastrée dans une statue. *Mission Héron de Villefosse.* **Markouna (Algérie).**

1061. — Gordien III; buste cuirassé. *Coll. Borg.*

1067. — Titus debout, cuirassé, les jambes protégées par des cnémides, la main gauche appuyée sur un bouclier rond. *Coll. du Roi; Palais du Louvre, puis Jardins de Versailles.*

1044. — Maximin; buste cuirassé. *Coll. Camp.*

1045. — Maximin; buste cuirassé. *Coll. Camp.*

3130. — Tête et buste d'une dame romaine drapée et voilée, dans le costume de la Pudicité ; fragment de statue. **Cyrénaïque.**

991. — Groupe mithriaque : Mithras sacrifiant un taureau. *Coll. Borg.* **Rome (?).**

1047. — Pupien ; buste, la draperie **en** marbre veiné. *Coll. Camp.*

1048. — Gordien III ; buste, la tête en porphyre rouge. *Coll. Camp.*

1072. — **Dame romaine drapée, diadémée et voilée,** restaurée en Junon. *Coll. du Roi.*

1060. — Pupien ; buste cuirassé. *Coll. Camp.*

1078. — Géta ; buste cuirassé. *Coll. Camp.*

1028. — **Dame romaine du** III⁰ siècle ; buste, la tête en marbre blanc, la draperie en marbre de couleur. *Coll. Camp.*

XVII. — SALLE DE SEPTIME SÉVÈRE

Au centre :

1009. — Époux romains en Mars et Vénus, la femme drapée, l'homme nu, coiffé d'un casque ; groupe. *Coll. Borg.*

A droite :

1076. — Géta ; buste drapé. *Coll. Borg.* **Gabies.**

1087. — Albin ; buste cuirassé. *Coll. Camp.*

1125. — Commode ; buste cuirassé.

1117. — Septime Sévère ; buste cuirassé.

1006. — Statue héroïque d'un Romain à demi drapé, dit Néron. *Coll. d'Orsay.* **Rome.**

1115. — Septime Sévère; buste drapé et cuirassé. *Coll. Borg.*

1081. — Didia Clara, tenant une couronne. *Coll. Camp.*

1084. — Faustine jeune ; buste. *Coll. Camp.*

1082. — Antinoüs, dit Antinoüs du château d'Écouen ; buste.

1000. — Statue héroïque d'un jeune Romain, une draperie sur l'épaule gauche. *Coll. Borg.* **Gabies.**

1004. — Tête d'un Romain barbu, aux cheveux frisés, de l'époque des Antonins.

1090. — Julia Domna, dite Plautille; la tête aux longs cheveux ondulés est couverte du voile à franges des prêtresses d'Isis. *Rapporté d'Athènes par Guys; Coll. Saltier, d'Aix.* **Athènes.**

1094. — Lucius Verus; buste cuirassé.

987. — Personnage romain drapé, une capsa à ses pieds, dit Sylla. *Coll. Camp.* **Mont Viminal à Rome.**

1091. — Lucius Verus; buste cuirassé. *Coll. Borg.*

1168. — Tête d'un Romain barbu de l'époque des Antonins, dit Marc-Aurèle.

1100. — Pertinax ; statue héroïque. *Coll. Borg.*

1101. — Lucius Verus; buste cuirassé.

A gauche :

1103. — Plautille ; buste colossal. *Coll. Borg.*

1077. — Géta ; buste drapé. *Coll. Camp.*

1105. — Caracalla: buste cuirassé. *Coll. Borg.*

1106. — Caracalla ; buste cuirassé. *Coll. Albani.*

1107. — Plautille; buste. *Coll. Borg.* **Gabies.**

1108. — Caracalla ; buste cuirassé, la cuirasse et la draperie en marbre gris. *Coll. Camp.*

2256. — Tête d'un Romain barbu.

996. — Caracalla ; tête colossale. *Don Despréaux de Saint-Sauveur.* **Drama, près Philippes (Macédoine).**

2258. — Marc-Aurèle jeune ; tête.

1110. — Caracalla ; buste cuirassé. *Coll. Borg.*

1103. — Plautille ; buste. *Coll. Borg.* **Gabies.**

1111. — Caracalla ; buste cuirassé.

1112. — Statue municipale avec un paquet de rouleaux à ses pieds, dite, à cause d'une inscription fausse ajoutée sur la base, L. Caninius, procurateur financier en Afrique. *Coll. du Roi ; Palais de Fontainebleau.*

1113. — Septime Sévère ; buste drapé. *Coll. Borg.*

1114. — Septime Sévère ; buste cuirassé. *Coll. Albani.*

3384. — Torse d'empereur cuirassé ; sur la cuirasse, Néréides sur des chevaux marins et dauphins. *Don Charles Pillet ; Dépôt de l'Union centrale des arts décoratifs.* Italie (?).

1119. — Septime Sévère ; tête colossale. *Mission Héron de Villefosse.* **Markouna (Algérie).**

1116. — Buste drapé d'un Romain barbu. *Coll. Camp.*

1163. — Marc-Aurèle ; tête colossale. *Mission Héron de Villefosse.* **Markouna (Algérie).**

1118. — Septime Sévère ; buste drapé. *Coll. Borg.* **Gabies.**

1120. — Septime Sévère ; buste cuirassé. *Coll. Camp.*

1135. — Commode jeune ; drapé. *Coll. Borg.* **Gabies.**

1129. — Commode jeune ; buste cuirassé. *Coll. Camp.*

1124. — Commode jeune ; buste cuirassé, la cuirasse et la draperie en marbre gris.

1123. — Commode jeune ; buste cuirassé. *Palais ducal de Modène.*

2322. — Marc-Aurèle jeune ; tête.

1095. — Lucius Verus ; tête colossale. *Mission Héron de Villefosse.* **Markouna (Algérie).**

2271. — Tête d'un Romain à barbe courte.

1127. — Commode ; buste drapé. *Coll. Borg.*

1126. — Commode jeune ; buste cuirassé, la cuirasse et la draperie en marbre de couleur. *Coll. Camp.* **Otricoli.**

1128. — Commode enfant ; buste. *Palais ducal de Modène.*

620. — Tête de dame romaine, avec une curieuse coiffure de l'époque des Antonins.

1130. — Faustine mère, dite Crispine, élégamment drapée,

dans la pose dite de la Pudicité ; statue de beau style. *Envoi de du Sault, consul de France, à Louis XIV. Coll. du Roi ; Grande Galerie du Palais de Versailles.* **Bengazi.**

1131. — Lucius Verus; buste cuirassé. *Coll. Borg.*

XVIII. — SALLE DES ANTONINS

Au centre :

1805. — Antinoüs; tête colossale de beau style ; les yeux incrustés étaient en matière précieuse ; des ornements de métal étaient fixés dans la coiffure ceinte d'une bandelette. *Villa Mondragone, près de Frascati ; Coll. Borg.*

1133. — Marc-Aurèle ; statue héroïque colossale, un pan de draperie sur l'épaule gauche. *Coll. Borg.*

1134. — Trajan drapé, assis. *Coll. Mattei, puis Musée du Vatican.*

A droite :

1136. — Lucius Verus jeune , buste. *Coll. Camp.* **Environs de Cività Lavinia.**

1137. — Marc-Aurèle, debout, cuirassé, le bras droit levé. *Coll. Borg.* **Gabies.**

1138. — Crispine, à mi-corps, la main gauche ramenée devant la poitrine ; buste. *Coll. Camp.*

1139. — Faustine mère, drapée et voilée, soutenant sa draperie de la main gauche et tenant un bouquet de pavots et d'épis, restaurée en Cérès. *Coll. Camp.*

1140. — Buste d'un jeune Romain drapé. *Coll. Camp.*

1141. — Lucius Verus, debout, cuirassé, un manteau attaché sur l'épaule droite; à sa droite, une corne d'abondance pleine de fruits ; statue colossale. *Coll. Camp.*

1142. — Petit buste d'une jeune fille romaine. *Coll. Camp.*

1143. — Plotine, drapée, diadémée et voilée. *Coll. Camp.*
Cumes.

1144. — Lucille ; buste. *Coll. Camp.* **Environs de Tivoli.**

1145. — Enfant romain, drapé, portant au cou la bulle d'or,
avec la capsa à ses pieds. *Coll. Camp.*

1146. — Annius Verus enfant, drapé, portant au cou la bulle
d'or, avec la capsa à ses pieds ; les avant-bras étaient sculptés
à part. *Coll. Camp.* **Environs de Cività Lavinia.**

1147. — Faustine jeune, drapée et voilée, la main droite
cachée sous la draperie ; buste. *Palais Braschi, à Rome.*

1148. — Antonin cuirassé, une draperie sur l'épaule gauche ;
fragment d'une statue. *Coll. Camp.* **Environs d'Albano.**

1149. — Annius Verus jeune ; buste. *Coll. Camp.*

1150. — Trajan debout, cuirassé, un pan de draperie sur
l'épaule gauche ; sur la cuirasse, deux Victoires soutenant un
trophée au pied duquel sont accroupis deux prisonniers
enchaînés. *Coll. Borg.* **Gabies.**

1151. — Buste d'un enfant romain. *Coll. Camp.*

1152. — Torse d'empereur cuirassé ; sur la cuirasse, deux
Victoires de part et d'autre d'un candélabre. *Coll. Borg.*
Gabies.

1153. — Buste d'un jeune Romain. *Coll. Camp.*

1154. — Trajan debout, cuirassé, le haut des jambes entouré
d'une draperie ; sur la cuirasse, un trophée et des prisonniers
enchaînés. *Coll. Borg.* **Gabies.**

1155. — Tête d'une dame romaine du temps de Domitien.
Fouilles de Napoléon III. **Jardins Farnèse au Palatin à Rome.**

A gauche :

1156. — Marc-Aurèle jeune, buste cuirassé. *Coll. Camp.*
Environs de Cività Lavinia.

1157. — L. Aelius César, statue héroïque ; une draperie
attachée sur l'épaule droite retombe en arrière et entoure le
bras gauche. *Coll. Borg.*

1158. — Buste d'une dame romaine de l'époque des Antonins. *Coll. Camp.*

1159. — Marc-Aurèle ; grand buste cuirassé. *Coll. Borg.*

1182. — L. Aelius César (?); buste cuirassé. *Coll. Borg.*

1161. — Marc-Aurèle ; buste cuirassé. *Envoi de Fauvel Coll. Choiseul, puis Coll. Pourtalès.* **Probalinthe, près Marathon.**

1132. — Tête d'empereur barbu, la chevelure ceinte d'une couronne de laurier ornée d'une gemme. *Don du commandant Marchant.* **Carthage.**

1164. — Hérode Atticus ; buste. *Envoi de Fauvel ; Coll. Choiseul, puis Coll. Pourtalès.* **Probalinthe, près Marathon.**

1162. — Marc-Aurèle ; buste. *Coll. Camp.*

1166. — Marc-Aurèle ; buste cuirassé. *Coll. Borg.*

1187. — Hadrien ; tête ceinte d'une couronne de laurier ornée d'une gemme. *Don du commandant Marchant.* **Carthage.**

1169. — Lucius Verus, en frère arvale, voilé et couronné d'épis ; buste colossal. *Château d'Écouen.*

1170. — Lucius Verus ; buste colossal, la tête d'un excellent travail et d'une parfaite conservation. *Coll. Borg.* **Acqua Traversa, Environs de Rome.**

1171. — Lucille ; tête colossale diadémée. *Don Delaporte, chancelier du consulat de France.* **Carthage.**

1172. — Annius Verus ; buste. *Coll. Borg.*

1174. — Faustine jeune; buste. *Coll. Camp.* **Ostie.**

1173. — Annius Verus ; tête colossale. *Mission Héron de Villefosse.* **Markouna (Algérie).**

1176. — Lucille ; buste. *Coll. Borg.* **Gabies.**

1175. — Faustine jeune ; tête colossale. *Mission Héron de Villefosse.* **Markouna (Algérie).**

495. — Annius Verus ; buste.

1178. — Marc-Aurèle jeune ; buste. *Coll. Borg.*

1179. — Marc-Aurèle ; buste colossal, la tête d'un excellent travail et d'une parfaite conservation. *Coll. Borg.* **Acqua Traversa, Environs de Rome.**

1180. — Antonin, en frère arvale, voilé et couronné d'épis ; buste colossal. *Château d'Écouen.*

1184. — Antonin ; tête ceinte d'une couronne de laurier ornée d'une gemme. *Don Gandolphe ; Envoi de Voisins, onsul de France.* Kédime, près de Messeken, Environs de Sousse Tunisie).

1181. — Antonin ; buste colossal cuirassé. *Coll. Camp.*

1190. — Sabine, drapée et diadémée, portant sur le bras gauche une corne d'abondance. *Coll. Borg.*

3131. — Buste cuirassé d'un personnage du temps d'Hadrien. Hérakleion (Crète).

1183. — Faustine mère ; buste. *Palais Braschi à Rome.*

1185. — Buste d'un Romain barbu de l'époque de Marc-Aurèle.

1186. — Hadrien ; buste. *Coll. Borg.* Gabies.

3132. — Tête d'Hadrien, de trois quarts à gauche, sur un buste cuirassé en plâtre. Hérakleion (Crète).

1189. — Hadrien ; buste drapé. *Coll. Camp.* Mont Esquilin Rome.

1102. — Crispine (?) ; tête. *Don du commandant Marchant.* El-Djem (Tunisie).

1192. — Hadrien ; statue héroïque ; une draperie posée sur épaule gauche entoure l'avant-bras. *Coll. Borg.* Gabies.

1193. — Julie, fille de Titus ; tête. *Fouilles de Napoléon III.* ardins Farnèse au Palatin à Rome.

Dans le passage qui suit:
A droite :

1194. — Marciane ; tête.

1202. — Plotine ; buste. *Coll. Camp.*

1196. — Matidie ; buste.

1197. — Plotine ; buste. *Coll. Camp.*

1198. — Plotine ; tête. *Coll. Camp.*

A gauche :

1199. — Buste d'une dame romaine du temps de Trajan.

1200. — Buste d'une dame romaine du temps de Trajan.

1201. — Buste d'une dame romaine du temps de Trajan. *Coll. Camp.*

1195. — Plotine ; buste. *Coll. Camp.*

1203. — Plotine (?) ; tête.

XIX. — SALLE D'AUGUSTE

Au centre de la salle :

1204. — Antiochus III, diadémé, dit Jules César ; tête. *Palais de l'Élysée.* **Italie.**

1003. — Mécène ; buste colossal. *Coll. Poniatowsky.*

3133. — Agrippine mère ; tête de beau travail. **Athènes.**

1207. — Orateur romain dit Germanicus, peut-être Jules César, dans l'attitude de Mercure, debout, nu, le bras droit levé à la hauteur de la tête, une draperie sur le bras gauche abaissé ; statue portant la signature du sculpteur Cléoménès, fils de Cléoménès, Athénien. *Villa Montalto-Negroni ; acheté par Louis XIV en 1685 et placé dans la Grande Galerie du Palais de Versailles.* **Rome.**

1208. — Agrippa ; buste. *Coll. Borg.* **Gabies.**

1209. — Rome casquée ; buste colossal ; sur le casque, de part et d'autre, louve allaitant Romulus et Rémus. *Coll. Borg.*

1233. — Octavie, sœur d'Auguste ; tête en basalte. *Coll. Fould.*

1210. — Jeune Romain drapé, portant au cou la bulle d'or, dit Britannicus ; à ses pieds une capsa. *Coll. Borg.*

1211. — Jeune Romain drapé, portant au cou la bulle d'or, avec une tête rapportée qui est celle de Claude ; à ses pieds une capsa. *Coll. Borg.*

1212. — Auguste debout, drapé dans une toge à larges plis. *Musée du Vatican.* **Velletri.**

Devant la statue d'Auguste :

1213. — Cinq panneaux de mosaïque, en partie antiques ; oiseaux de part et d'autre d'un arbre, coq dans un char attelé de deux cygnes, lapin conduisant un char traîné par deux oies.

A droite :

1214. — Nerva ; buste drapé. *Coll. Camp.* **Tr. près du Forum de Trajan à Rome.**

1215. — Othon, statue héroïque ; une draperie jetée sur l'épaule gauche entoure l'avant-bras ; à ses pieds un tronc d'arbre. **Environs de Terracine.**

1216. — Nerva ; buste drapé. *Coll. Albani.*

1217. — Othon ; buste. *Coll. Camp.*

1218. — Claude debout, cuirassé ; à ses pieds un tronc d'arbre. *Coll. Camp.* **Villa d'Hadrien, près de Tivoli.**

1219. — Claude ; buste.

1220. — Galba ; buste cuirassé. *Coll. Albani.*

1221. — Néron jeune, statue héroïque ; une draperie entoure les jambes ; à ses pieds un tronc de palmier avec un régime de dattes. *Coll. Borg.* **Gabies.**

1222. — Néron ; buste cuirassé. *Coll. Borg.*

1223. — Néron (?), la tête ceinte d'un bandeau en torsade ; buste cuirassé. *Coll. Camp.* **Ruines de la Maison Dorée à Rome.**

1224. — Messaline, drapée et voilée, portant sur le bras gauche Britannicus enfant. *Coll. du Roi* ; *Jardins de Versailles.* **Rome.**

1225. — Néron ; buste drapé. *Petit Trianon.*

1226. — Claude, la chevelure ceinte d'une couronne de chêne ornée d'une gemme ; tête. **Ile de Thasos.**

1227. — Caligula ; buste, la tête en marbre blanc, la cuirasse et la draperie en marbre gris. *Coll. Camp.* **Tusculum.**

1228. — Antonia drapée. *Coll. Camp.*

1229. — Antonia, la poitrine recouverte d'une étoffe légère que soutiennent deux bandelettes ; buste. *Coll. Camp.* **Tusculum.**

1230. — Agrippine jeune ; buste. *Coll. Camp.*

1231. — Claude ; statue héroïque, la poitrine nue, les jambes entourées d'une draperie ; à ses pieds un tronc de palmier avec un régime de dattes. *Coll. Borg.* **Gabies.**

1232. — Agrippine jeune ; buste. *Coll. Camp.*

2227. — Agrippine ; tête sur une gaîne de marbre rougeâtre. *Coll. Camp.*

1234. — Caligula (?) ; buste. **Thrace.**

1235. — Caligula debout, cuirassé ; une draperie jetée sur l'épaule entoure le bras gauche ; sur la cuirasse, deux griffons affrontés. *Coll. Borg.* **Gabies.**

1236. — Tibère ; buste cuirassé.

1237. — Tibère, couronné de chêne ; buste cuirassé. *Coll. Camp.*

1238. — Germanicus ; statue héroïque ; une draperie jetée sur l'épaule gauche entoure les jambes. *Coll. Borg.* **Gabies.**

1239. — Tibère, couronné de chêne ; buste. *Coll. Borg.* **Gabies.**

1240. — Drusus le jeune ; buste. *Coll. Camp.*

1241. — Tibère ; buste, la tête en marbre blanc, la draperie en marbres de couleur et albâtre fleuri. *Coll. Camp.* **Environs de Misène.**

1242. — Octavie, dite Livie, drapée et voilée, restaurée en Cérès. *Coll. Borg.*

1243. — Tibère, la tête de profil ; buste. *Coll. Albani.*

1244. — Tibère, à mi-corps, une draperie sur l'épaule gauche ; la tête est étrangère au torse qui provient d'une statue assise. *Coll. Camp.*

1245. — Agrippine mère, dite Livie, drapée et couronnée d'épis. *Coll. Borg.*

1246. — Auguste, couronné de chêne, à mi-corps ; la tête est étrangère au torse, qui provient d'une statue assise. *Coll. Camp.* **Cervetri.**

1247. — Auguste, couronné de chêne ; buste cuirassé.

1248. — Tibère drapé, la tête tournée à sa droite. *Musée du Vatican.* **Ile de Capri.**

1249. — Auguste ; buste. *Coll. Camp.* **Tr. près du Palatin à Rome.**

A gauche :

1250. — Trajan ; buste. *Coll. Albani.*

1251. — Sextus Pompée ; statue héroïque ; une draperie jetée sur l'épaule gauche entoure l'avant-bras ; à ses pieds une cuirasse dont le revers porte la signature de l'artiste Ophélion, fils d'Aristonidas. *Coll. Borg.* **Monte Porzio, Environs de Tusculum.**

1252. — Trajan père ; buste cuirassé. *Coll. Camp.*

1253. — Claude, couronné de chêne ; buste cuirassé. *Coll. Camp.*

1206. — Le grand Pompée ; tête.

1032. — Titus ; buste cuirassé. *Coll. Camp.*

3134. — Tête d'une dame romaine de l'époque d'Hadrien. *Cession du Musée de Saint-Germain.*

1491. — Titus cuirassé, à mi-corps ; sur la cuirasse, restes d'une scène de sacrifice et personnages armés, de part et d'autre d'un aigle ; fragment de statue. *Coll. Camp.*

1255. — Tibère (?) ; tête. **Philomélium (Phrygie).**

1256. — Julie, fille de Titus, drapée, restaurée avec les attributs de la Fortune. *Coll. Camp.* **Tr. près de Saint-Jean de Latran à Rome.**

1257. — Titus jeune ; buste. *Coll. Camp.*

1258. — Titus ; buste cuirassé.

1177. — Buste d'une dame romaine voilée. *Coll. Camp.*

1259. — Vespasien ; buste colossal cuirassé.

1260. — Vitellius debout, drapé ; à ses pieds un tronc d'arbre ; la tête est étrangère au corps. *Coll. Camp.* **Ostie.**

1261. — Vespasien ; buste cuirassé ; imitation de l'antique.

1262. — Vespasien debout, drapé ; à ses pieds une capsa, la tête est étrangère au corps. *Coll. Camp.* **Environs de Pompéi.**

1263. — Vespasien ; buste cuirassé. *Coll. Camp.* **Tr. près de Saint-Jean de Latran.**

1264. — Domitien, couronné de laurier ; buste colossal cuirassé. *Coll. Albani.*

2315. — Domitien ; tête.

2302. — Tête d'un Romain âgé, imberbe. *Palais de Fontainebleau.*

1265. — Trajan, couronné de chêne ; buste colossal cuirassé. *Coll. Borg.*

1267. — Tibère drapé, assis ; la tête est étrangère au corps. *Coll. Camp.* **Mont Aventin à Rome.**

1266. — Domitille, dite Plutia Vera ; buste. *Coll. Borg.* **Gabies.**

1268. — Titus debout, drapé. *Coll. Camp.* **Tr. près de Saint-Jean de Latran à Rome.**

1269. — Buste d'une jeune dame romaine du temps de Néron. *Coll. Camp.*

1270. — Buste drapé d'un Romain barbu du Ier siècle. *Coll. Camp.*

1254. — Sylla ; tête.

2309. — Tête d'un Romain imberbe.

1271. — Agrippine mère ; buste. *Coll. Camp.* **Tr. près du Palatin à Rome.**

1272. — Jules César, debout, drapé et lauré ; à ses pieds un tronc d'arbre. *Coll. Camp.*

1086. — Buste d'une dame romaine ; imitation de l'antique. *Coll. Camp.*

1274. — Jules César, statue héroïque ; un pan de draperie jeté sur l'épaule gauche entoure l'avant-bras ; à ses pieds une cuirasse. *Coll. Borg.*

1275. — Buste d'une dame romaine voilée, du second siècle.

1277. — Auguste ; buste drapé ; imitation de l'antique. *Coll. Camp.*

1345. — Auguste ; buste, la tête en marbre gris, la draperie en marbre blanc.

1276. — Auguste voilé ; fragment de statue. *Coll. Camp.*

3135. — Germanicus ; buste provenant d'une statue. *Était conservé à Cordoue.*

1278. — Auguste debout, drapé. *Musée du Vatican.*

1280. — Auguste ; tête.

Revenant sur ses pas jusqu'à la salle de Mécène, le visiteur entrera à gauche sous l'arcade donnant accès au :

XX. — VESTIBULE DES PRISONNIERS BARBARES

Sous l'arcade:

1281 et 1282. — Deux colonnes en forme de tronc d'arbre.

1282 à 1318. — Trente-six colonnettes funéraires avec inscriptions latines du temps de la République. *Coll. Camp.* Cervetri.

1319 à 1323. — Cinq monuments funéraires rectangulaires, de forme plate, avec inscriptions latines du temps de la République. *Coll. Camp.* Cervetri.

470. — Homme âgé, barbu, debout, légèrement incliné, portant pour tout vêtement une pièce d'étoffe roulée autour des hanches ; restauré en pêcheur tenant un seau de la main gauche ; statuette (voy. plus loin le n° 1354). Rome.

2243. — Antinoüs en Hercule, debout, nu, s'appuyant sur une massue recouverte de la peau de lion. *Coll. Camp.* Environs de Tivoli.

Le visiteur trouvera réunis dans cette salle la plupart des monuments en marbre de couleur appartenant au département des Antiquités grecques et romaines.

Au centre :

1334. — Mosaïque antique avec l'image des quatre Saisons sous des figures allégoriques; dans les compartiments, scènes rustiques relatives aux travaux des différentes époques de l'année. Saint-Romain-en-Galle (Rhône).

1056. — Minerve drapée, avec l'égide, restaurée en Rome par Girardon; statue assise en porphyre; la tête, les bras avec les attributs et le pied droit, modernes, sont en bronze doré. *Coll. du cardinal Mazarin, puis Coll. du Roi; Palais de Trianon.*

438. — Baignoire en porphyre. *Coll. Borg.*

Autour de la salle :

1354. — Vase plein, ovale, en brèche violette, orné de têtes de bélier, autrefois réuni à la statue dite Sénèque, décrite plus loin également sous ce n° 1354.

1337 et 1343. — Colonnes en porphyre rouge. *Rapportées d'après la tradition par saint Louis au retour des Croisades; Basilique de Saint-Denis.*

1344. — Vase en jaspe rouge, taillé dans un bloc trouvé à Porto. *Coll. du duc d'Aumont, puis Coll. du Roi.*

1353. — Sanglier assis en marbre gris. *Coll. Borg.*

1351 et 1356. — Colonnes en porphyre rouge. *Coll. Borg.*

3136. — Urne en porphyre rouge avec son couvercle godronné.

2226. — Impératrice romaine, drapée et diadémée, en adorante; le corps est en porphyre, la tête, les avant-bras et l'extrémité des pieds sont en marbre blanc. *Coll. Borg.*

2413. — Vase godronné, orné de feuilles de lierre, en marbre de couleur; les anses sont formées par des serpents.

1355. — Lion en basalte vert, la patte posée sur une boule en marbre numidique. *Coll. Albani.*

1338. — Vase en serpentine verte. *Coll. du duc d'Aumont, puis Coll. du Roi.*

1348 et 1359. — Colonnes cannelées avec chapiteaux ioniques en porphyre. *Coll. Borg.*

1349 et 1360. — Coupes munies d'un couvercle en marbre vert.

1350. — Bacchus barbu, couronné de pampres; hermès en marbre rouge. *Coll. Borg.* **Mont Esquilin à Rome.**

1376. — Urne funéraire en porphyre rouge supportée par quatre griffons ailés et cornus. *Tombeau du comte de Caylus dans l'église Saint-Germain-l'Auxerrois; Musée des Monuments français.* **Rome.**

1361. — Hercule; buste en marbre noir; sur l'épaule, une peau de lion en marbre blanc.

3385. — Tête d'Alexandre en porphyre, avec une draperie en bronze par Girardon. *Coll. du cardinal Mazarin, puis Coll. du Roi.*

3137. — Grande vasque en marbre pavonazetto. *Envoi du directeur de l'Académie de France à Rome, Ingres.* **Rome.**

1389. — Siège de bain en rouge antique, porté par des griffes de lion. *Église de Saint-Jean de Latran, puis Musée du Vatican.* **Rome.**

1372. — Sérapis; buste, la tête en marbre noir, la draperie en albâtre fleuri. *Coll. Camp.*

1358. — Prêtre d'Isis, la tête rasée, couronné d'olivier; buste en marbre rouge; imitation du style hiératique égyptien. *Bibliothèque Mazarine.*

1 et 92. — Urnes godronnées en porphyre rouge avec leurs couvercles.

2226. — Diane chasseresse, vêtue d'une tunique courte en albâtre oriental; la tête, les bras et les jambes, en bronze, datent de la Renaissance. *Coll. Borg.*

1066. — Coupe godronnée, ornée de têtes de lions, supportée par trois pieds, en rouge antique.

422. — Vénus, buste; la tête est une réplique de la Vénus du Capitole; les draperies sont en albâtre oriental. *Coll. du cardinal Mazarin, puis Coll. du Roi.*

1074. — Trépied supporté par trois griffes de panthères en rouge antique.

509. — Vase d'albâtre oriental avec son couvercle. **Méjanes-lès-Alais (Gard).**

1347. — Coupe en jaune antique, sur un tronçon de colonne cannelée de même matière. *Coll. du duc d'Aumont, puis Coll. du Roi.*

368. — Coupe à deux anses, avec son couvercle, en albâtre oriental.

372. — Vase sans anses en albâtre oriental.

3386 et 3387. — Colonnes en brèche.

2222 et 2223. — Deux Camilles en albâtre oriental; la tête, les bras et les jambes, en bronze, datent de la Renaissance. *Coll. Borg.*

1364. — Isis, drapée et voilée, la chevelure surmontée d'une fleur de lotus; buste en marbre gris. *Coll. Borg.*

3388. — Vasque en porphyre rouge.

1370. — Sérapis coiffé du modius; buste colossal en marbre noir.

2229. — Gaîne de marbre rougeâtre portant une tête, en plâtre, d'Ariane couronnée de pampres. *Coll. Camp.*

2225. — Minerve drapée, avec l'égide, en albâtre oriental; la tête casquée, les avant-bras et les pieds, modernes, sont en marbre blanc. *Coll. d'Orsay; Palais des Tuileries.*

1378 et 1387. — Colonnes en brèche jaune. *Coll. Borg.*

1070 et 1071. — Coupes en brèche verte, avec leurs couvercles et des anses formées par des serpents.

1380 et 1386. — Colonnes en vert antique. *Église San Francesco à Chiavari.*

1379 et 1388. — Vases godronnés en granit vert.

1381 et 1385. — Barbares debout, en costume indigène; les draperies sont en porphyre, la tête, les bras et les mains en marbre blanc. *Coll. Borg.*

1382 et 1384. — Colonnes en brèche violette. *Église San Francesco à Chiavari.*

1383. — Barbare assis, vêtu du costume indigène et coiffé du bonnet asiatique, en brèche verdâtre; la tête et les mains sont en marbre blanc. *Coll. Albani.*

1354. — Homme âgé, barbu, debout, légèrement incliné, portant pour tout vêtement une pièce d'étoffe roulée autour des hanches; statue en marbre noir, avec les yeux incrustés en couleur et une ceinture en albâtre fleuri, dite le Pêcheur africain. Était jadis restauré en Sénèque, avec les deux jambes placées dans le bassin en brèche violette décrit plus haut sous le même n° 1354 (voy. le n° 470).

1324. — Apollon, la chevelure bouclée et nouée sur le sommet; tête.

540. — Planisphère égypto-grec, dit de Bianchini. **Mont Aventin à Rome**.

1333. — Apollon, la chevelure ceinte d'une bandelette et nouée sur la nuque; buste.

Dans l'embrasure de la fenêtre :

1365. — Jupiter à demi drapé, s'appuyant sur un sceptre; à ses pieds un aigle; bas-relief de style hellénistique. *Fouilles du chevalier Azara*; *Coll. Richard*. **Tusculum**.

1367. — Masque colossal du Soleil, dit l'Espagne, entouré de pampres; sous le buste un rat couché. *Coll. Borg*.

XXI. — PARTIE INFÉRIEURE DE L'ESCALIER DARU

FRAGMENTS D'ARCHITECTURE

MACÉDOINE
Salonique.

Mission Miller.

1391 à 1404. — Quatre pilastres sculptés sur les deux faces (Renommée et Victoire, Bacchus et Ariane, Bacchante et Dioscure, Léda et Ganymède), cinq grands chapiteaux corinthiens, deux chapiteaux de pilastres, deux fragments de bandeau cannelé sur ses deux faces et un fragment d'entablement provenant de l'attique du monument connu sous le nom de Palais enchanté de Thessalonique.

Envoi du Général commandant en chef les Armées
alliées en Orient (1919).

3389. — Fragments d'un lit funéraire avec montant richement découpé et traverses ornées de peintures.
3390. — Chapiteau corinthien.

Pydna.

Mission Heuzey et Daumet.

765. — Devant d'un lit funéraire, provenant d'un tombeau,
orné d'une figure de lion couché et de deux montants sculptés ;
restes de couleur rouge.
766. — Battant de la porte monolithe d'un tombeau, portant
des bandes saillantes ornées de têtes de boulons alignées et
décoré d'un mufle de lion en bronze avec un anneau (1).

Palatitza.

Mission Heuzey et Daumet.

707. — Battant de la porte d'un tombeau analogue au
précédent.
708. — Base et chapiteau d'un pilastre orné de deux demi-
colonnes ioniques opposées.
709 et 1407. — Fragments d'un chapiteau et d'un tambour
de colonne engagée du grand ordre dorique.
710. — Chapiteau du petit ordre dorique.
1408. — Chapiteau engagé dans un pilastre, du petit ordre
ionique.
1409. — Chapiteau de pilastre ionique très usé.

3391. — Extrémité supérieure d'une colonne cannelée avec
son couronnement orné de palmettes. **Fontaine de Banja, route
de Monastir.**

---

(1) Le bronze original est conservé dans une vitrine au premier étage.

3392. — Borne milliaire d'Hadrien avec mention du IIIe mille à partir de Thessalonique. **Pont du Galiko, route de Monastir.**

Mission Heuzey et Daumet.

1415 à 1422. — Huit fragments d'ordre dorique et ionique.

1423. — Fragment de la base d'une demi-colonne ionique engagée dans un pilastre.

1424. — Fragment orné de têtes de clous en relief.

2551. — Tête de lion de beau style, provenant d'un chéneau.

1410. — Chapiteau de pilastre ionique.

1411. — Fragment d'ordre ionique.

1412 à 1414. — Trois fragments d'ordre dorique.

Dans une vitrine :

2552 à 2560. — Neuf fragments d'architecture.

711 et 712. — Petits chapiteaux ioniques. *Mission Heuzey et Daumet.* **Apollonie d'Épire.**

713. — Chéneau orné d'une tête de lion, d'une grecque et de palmettes. *Mission Heuzey et Daumet.* **Apollonie d'Épire.**

1427. — Fragment d'une frise : bucrânes, guirlandes et rosaces. *Mission Heuzey et Daumet.* **Durazzo.**

THASOS

Mission Miller.

1405 et 1406. — Colonnes ioniques portant dans une des cannelures des lettres grecques gravées.

ILE DE SAMOTHRACE
Rotonde d'Arsinoé.

Mission Ch. Champoiseau.

2375 à 2377. — Fragments de la balustrade ornés de bucrânes, de rosaces et de palmettes.

Mission Deville et Coquart.

2374. — Fragments de la balustrade; bucrânes et colonnes cannelées d'ordre corinthien.

2378 et 2379. — Deux antéfixes ornées d'une palmette.

2380. — Fragment du couronnement, orné d'imbrications.

2381 et 2382. — Deux fragments d'architecture, provenant du temple dorique et de la rotonde d'Arsinoé.

Temple de Ptolémée.

Mission Deville et Coquart.

2385. — Fragment d'un chapiteau ionique.

2386. — Fragment orné de rais de cœur et de perles.

2387. — Face latérale de la volute d'un chapiteau ionique.

2388. — Angle d'un fronton, en pierre calcaire, provenant d'un édifice plus ancien (Stoa). *Mission Deville et Coquart.*

Dans une vitrine :

2372, 2383 et 2384. — Fragments d'architecture des différents temples et édifices. *Missions Ch. Champoiseau, Deville et Coquart, Ch. Champoiseau et J. Letaille, Don N. Phardys.*

TEMPLE DE JUPITER A OLYMPIE

Expédition scientifique de Morée.

721. — Fragment d'une tête de lion provenant d'un chéneau. *Fouilles d'A. Blouet.*

722. — Fragment d'une tête de lion (joue droite) provenant d'un chéneau, d'un style différent de la précédente. *Fouilles d'A. Blouet.*

Dans une vitrine :

719. — Tête de cheval et partie de la tête et du bras droit d'Hercule, de la métope d'Hercule et les juments de Diomède. *Fouilles de J.-J. Dubois.*

720. — Partie de la cuisse droite d'Hercule, de la métope d'Hercule et Géryon. *Fouilles de J.-J. Dubois.*

723. — Fragments de la tête et de la cuisse gauche d'Hercule, une partie de la tête d'Eurystée avec de longs cheveux et un boutoir de sanglier, de la métope d'Hercule et le sanglier d'Erymanthe. *Fouilles de J.-J. Dubois.*

724. — Tête, main gauche, fragment de la jambe gauche et extrémité du pied gauche d'Hercule, de la métope d'Hercule et la biche de Cérynée. *Fouilles d'A. Blouet.*

725. — Queue de l'hydre et extrémité d'un tronc d'arbre, de la métope d'Hercule et l'hydre de Lerne. *Fouilles d'A. Blouet.*

726. — Partie du pied droit et fragment du bouclier d'Hercule, de la métope d'Hercule et l'Amazone. *Fouilles d'A. Blouet.*

727. — Fragment de jambe.

728. — Pouce du pied droit.

729. — Extrémité d'un pied gauche de grandes dimensions, ayant peut-être appartenu à une des figures des frontons. *Fouilles de J.-J. Dubois.*

730. — Douze fragments de moulures provenant d'un piédestal élevé sous le pronaos. *Fouilles de J.-J. Dubois.* (1).

714. — Chapiteau d'ante et de colonne dorique engagée, *Expédition scientifique de Morée.* Olympie.

TEMPLE D'APOLLON EPIKOURIOS A BASSAE
PRÈS DE PHIGALIE

Expédition scientifique de Morée.

Dans une vitrine :

731 et 732. — Deux fragments de cymaise, ornés de palmettes.

---

(1) La vitrine contient en outre un fragment de terre cuite ornée de rinceaux en relief avec des restes de peinture violette trouvé par J.-J. Dubois devant le pronaos.

733 et 734. — Deux fragments d'autéfixes, ornés de palmettes.

PORTIQUE DES TAUREAUX A DÉLOS

Expédition scientifique de Morée.

715 et 735. — Deux fragments de cymaise, ornés de rinceaux.

3393. — Grand chapiteau ionique.

ALGÉRIE

Les fragments d'architecture suivants, provenant d'Algérie, ont été rapportés la plupart sous la Monarchie de juillet à la suite de l'exploration
scientifique de l'Algérie dirigée par le commandant Delamare et Ravoisié.

3138. — Trois chapiteaux d'ordre composite.

3139. — Chapiteau de pilastre orné d'acanthes.

3140. — Chapiteau orné de feuilles d'acanthe.

3141. — Fragment d'un chapiteau de pilastre orné d'acanthes.

3142. — Couronnement de pilastre d'ordre ionique.

3143. — Grand chapiteau de pilastre composite.

3144. — Demi-chapiteau composite.

3145. — Chapiteau circulaire de basse époque, orné d'oves.

3146 à 3155. — Dix chapiteaux composites de différentes
dimensions.

3156. — Chapiteau d'angle carré, de basse époque, orné sur
deux de ses faces de motifs géométriques.

3157. — Chapiteau de pilastre rectangulaire, de basse
époque, orné de palmes.

3158. — Petit chapiteau mutilé.

3159 à 3161. — Trois chapiteaux circulaires composites.

3162. — Corbeau orné sur sa face antérieure de feuilles
d'acanthe.

3163. — Base de colonne moulurée.

1438. — Colonnette cannelée avec son chapiteau. **Vienne I sère).**

1531. — Colonnette cannelée en spirale.

ILE DE SAMOTHRACE

Dans des vitrines :

2370. — Fragments des ailes, des draperies et du piédestal de la Victoire (voy. le n° 2369, partie centrale de l'escalier Daru). *Missions Ch. Champoiseau et Ch. Champoiseau et J. Letaille.*

2371. — Petit hermès surmonté d'une tête barbue, la chevelure enveloppée d'une pièce d'étoffe. *Mission Ch. Champoiseau et J. Letaille.*

2373. — Fragments d'inscriptions grecques. *Mission Ch. Champoiseau et J. Letaille.*

1432. — Victoire portant un trophée; partie supérieure d'une statue. *Don Ed. Grasset, consul de France.* **Apollonie d'Épire.**

3394. — Tête de femme colossale; le visage est mutilé; es cheveux ramassés en arrière tombent de chaque côté du cou. *Don du Dr Franchi et de l'abbé Drioux.* **Verria (Macédoine).**

3164. — Cuve arrondie avec son couvercle, provenant d'une tombe à incinération; elle renferme un vase funéraire en bronze. **Phalère.**

2237. — Fontaine ornée d'un groupe bachique entourant un rocher sur lequel est couché l'enfant Bacchus endormi. **Gortyne (Ile de Crète).**

3166. — Moulage d'une inscription de Lanuvium contenant le règlement du collège de Diane et d'Antinoüs. **Cività Lavinia.**

990. — Vasque ayant servi de fontaine, supportée par trois piliers ornés de feuillages et terminés en griffes de lions. *Musée du Capitole.* **Villa d'Hadrien à Tivoli.**

XXII. — COTÉ DROIT DE L'ESCALIER DARU

En commençant par la gauche :

1624. — Hercule enveloppé de la peau de lion; statuette en forme de gaîne. *Coll. du cardinal de Richelieu; Château de Richelieu (?).*

1612. — Cinq danseuses devant un portique à pilastres corinthiens; les têtes sont restaurées; fragment d'une frise, connu sous le nom de Danseuses Borghèse, très souvent dessiné et copié depuis la Renaissance. *Coll. Borg.*

1541. — Autel cylindrique décoré d'une bacchanale. *Coll. Borg.*

1613. — Inscription latine rappelant les dispositions testamentaires de P. Opimius Felix. *Mission Heuzey et Daumet.* **Philippes (Macédoine).**

1544. — Autel votif consacré à Isis par le gardien du temple Astragalus; sur les côtés, prêtre et prêtresse d'Isis. *Coll. Malatesta.* **Rome.**

2195. — Cippe funéraire; la défunte est représentée en Diane chasseresse entre une biche et un chien. *Coll. Camp.*

1538. — Autel consacré à Silvain par l'esclave impéria Puteolanus. *Coll. Borg.* **Rome.**

1339. — Le Pédagogue des Niobides, debout, cherchant à protéger un des fils de Niobé contre les flèches d'Apollon; groupe. *Cession de la ville de Soissons.* **Soissons.**

1631. — Inscriptions grecques et fragments sculptés provenant du tombeau du médecin Patron. *Coll. Camp.* **Tr. près de la Porte Capène à Rome.**

424. — Apollon (?), debout, nu, un pan de draperie sur l'épaule gauche. *Cession de la ville de Nîmes.* **Temple de la Fontaine à Nîmes.**

3165. — Inscription de L. Calidius Eroticus ; dialogue entre un voyageur, représenté debout devant sa monture, et son hôtesse. *Coll. Bourguignon.* **Aesernia.**

1641. — Trois femmes drapées, autour d'un candélabre ; dans le fond un temple ; fragment d'une frise souvent dessiné et copié (1). *Coll. Borg.*

1648. — Inscription votive consacrée à Jupiter Balmarcod par le centurion M. Verginius Bassus. *Coll. Malatesta.* **Rome.**

1649. — Inscription consacrée par C. Julius Hermes, fermier des greniers de Séjan. *Coll. Borg.* **Rome.**

1650. — Inscription votive à Isis, consacrée en 202, sous le règne de Septime Sévère, par L. Ceius Privatus, commandant du camp des soldats pérégrins. *Coll. Demetrio Diamilla.* **Tr. près de l'église Santa Maria in Navicella à Rome.**

1651. — Inscription funéraire relative à des membres de la famille Pinaria. *Coll. Camp.* **Rome.**

1652. — Inscription latine surmontée de deux bustes mutilés portant la bulla : liste des membres d'une confrérie, gravée en l'année 79. *Coll. Camp.* **Rome.**

1653. — Épitaphe d'un prêtre de Sérapis et de sa femme Fundania Priscilla. *Coll. Camp.* **Ostie.**

279. — Sarcophage orné de strigiles, avec un cartel sans inscription. *Sacristie de l'église Saint-Sulpice ; Musée des Monuments français.*

287. — Groupe des Trois Grâces. *Coll. Borg.*

1657. — Buste dit Drusus, au centre d'un grand médaillon circulaire. *Coll. du Roi.*

---

(1) La reproduction en bronze de ce bas-relief se voit au-dessus de la porte de la salle des Caryatides donnant sur la cour du Louvre.

XXIII. — COTÉ GAUCHE DE L'ESCALIER DARU

Le côté gauche de l'escalier Daru, de même que le 1er palier, forme une annexe de la salle d'Afrique. Le visiteur trouvera d'abord dans le côté gauche de l'escalier Daru, à l'entrée et dans l'embrasure de la fenêtre, les monuments grecs et romains d'Égypte.

ÉGYPTE

3167. — Alexandre debout, nu, vêtu de la seule égide; statuette dont la tête, les bras et les pieds manquent.

3168. — Tête d'homme imberbe, de beau style, avec entailles pour des morceaux rapportés.

3169. — Tête de jeune homme, la chevelure ceinte du bandeau royal avec une étoile sur le front.

1673. — Banquet funèbre de Damnis: personnage drapé, couché sur un lit, tenant un canthare; devant lui un réchaud et une table ronde; à ses pieds un serviteur; bas-relief votif. *Don des héritiers Brunet de Presles.*

1676. — Grande stèle de granit gris, portant une inscription grecque en l'honneur de Ptolémée et de Cléopâtre. *Coll. du prince Napoléon.*

1680. — Inscription grecque; monument consacré par le centurion Longinus. *Coll. Mimaut.*

1682. — Inscription grecque votive consacrée par Thaminis, fille d'Apollonios.

1679. — Épitaphe latine de C. Petronius Valens, soldat de la IIe cohorte des Thraces. *Envoi Bouriant.* **Environs de Luxor.**

3170. — Inscription métrique gravée sur la phalange d'un des doigts de pied du Sphinx colossal de Gizeh. **Gizeh.**

1675. — Colonne de granit portant une inscription latine relative à l'exploitation des carrières du pays, en 203, sous le préfet d'Égypte Subatianus Aquila. *Coll. Mimaut.* **Environs d'Assouan.**

Alexandrie.

1665. — Hercule debout, à demi drapé, tenant une couronne et un cep de vigne, la main gauche appuyée sur sa massue; à ses pieds la peau de lion. *Coll. Mimaut.*

1671. — Aigle, les ailes éployées, debout sur une base rectangulaire ornée d'une rosace. *Don Antoniadis.*

1674. — Monument funéraire du légionnaire Aurelius Longinus, avec l'image du défunt faisant une libation sur un autel; épitaphe latine.

1677. — Colonne avec inscription grecque votive de Bassos, fils de Straton. *Coll. Mimaut.*

1681. — Inscription grecque votive à Diane Soteira, en l'honneur de Ptolémée.

Fayoum.

Envoi du directeur de l'Institut français du Caire,
E. Bouriant.

1672. — Banquet sacré : personnage couché sur un lit de repos, donnant à boire à deux serpents; devant lui des tables chargées de mets.

1678. — Fragment d'une épitaphe grecque sur pierre calcaire.

Sérapeum de Memphis.

Envoi Mariette Bey.

1666. — Rome drapée, le sein droit à découvert, debout entre deux captifs accroupis; petit groupe.

1667 à 1669. — Trois lions.

3171. — Inscription votive à Sérapis.

Ptolémaïs.

Don P. Jouguet.

3172. — Décret en l'honneur de prytanes.

3173. — Décret en l'honneur de Nicomédès.

3174. — Décret en l'honneur d'Antiphilos.

Les monuments grecs et romains décrits ci-après, ainsi que ceux qui sont exposés dans les salles XXIV et XXV, proviennent de la Cyrénaïque, de la Tripolitaine, de la Tunisie, de l'Algérie et du Maroc.

TUNISIE

1683. — Sabine debout drapée (1). *Mission Pricot de Sainte-Marie, consul de France*. **Carthage.**

1684. — Personnage drapé; fragment d'une statue municipale; à ses pieds un paquet de livres. *Envoi du général Jamais*. Ile de **Djerba.**

1696. — Femme debout, drapée; la tête manque. *Don du Bey de Tunis; Envoi de Pélissier, consul de France. Cession du Ministère de la Marine*. **Zian.**

ALGÉRIE

1704. — Femme drapée, les bras ramenés sur la poitrine; statue très mutilée.

Bône.

Mission du commandant Delamare.

1688. — Cippe funéraire de Sittia Veneria.
1689. — Cippe funéraire de Julia Trepte.

Constantine.

Mission du commandant Delamare.

1690. — Cippe portant les traces d'une inscription presque entièrement effacée.
1691. — Cippe funéraire de l'esclave impériale Lucida.

---

(1) La statue de Sabine, ainsi que l'inscription n° 1865, envoyées par Pricot de Sainte-Marie, se trouvaient à bord du *Magenta* et ont été mutilées lors de l'explosion de ce navire dans la rade de Toulon.

Philippeville.

Mission du commandant Delamare.

1692. — Cippe funéraire de Julia Severa.

1693. — Cippe funéraire d'Antonia Issa.

1694. — Cippe funéraire de Sex. Julius Felix.

1709. — Cippe funéraire portant la double épitaphe de M. Aemilius Restitutus et de Lollia Pacata.

1710. — Cippe funéraire d'Antonius Pax, portant une épitaphe métrique.

1687. — Sarcophage strigilé, avec le nom du fabricant Alogius. *Don du Ministère de la Guerre; Envoi du Préfet d'Alger.* Cherchel.

XXIV. — Iᵉʳ PALIER DE L'ESCALIER DARU

TUNISIE

Zian.

Don du Bey de Tunis; Envoi de Pélissier, consul de France. Cession du Ministère de la Marine.

1695. — Barbare drapé, coiffé du bonnet phrygien, debout, adossé à un pilastre.

1697. — Personnage municipal drapé, avec la capsa à ses pieds; la tête manque.

1698. — Femme debout, drapée et voilée; la tête manque.

1699. — Homme debout, la poitrine nue, une draperie autour des jambes; la tête manque.

ALGÉRIE
Philippeville.

Mission du commandant Delamare.

1706. — Personnage municipal drapé, avec la capsa à ses pieds.

1708. — Cippe funéraire du légionnaire C. Ollius Primigenius.

1711. — Cippe funéraire de L. Gavius Primigenius.

XXV. — SALLE D'AFRIQUE

CYRÉNAIQUE

1783. — Tête de Méduse ailée, de profil, de beau style grec. *Don Poujade, consul de France; Mission Fresnel.*

Cyrène.

Mission Vattier de Bourville.

1776. — Partie inférieure d'une statue de femme drapée, debout sur un lion couché, représentant sans doute la province de Cyrénaïque.

1777. — Demi-statue d'une femme drapée et voilée, de beau style.

1778. — Bacchus couronné de lierre et vêtu d'une nébride transparente ; la statue portait des lemnisques en métal.

1779. — Femme élégamment drapée d'une tunique et d'un manteau ramené sur l'épaule gauche ; la tête manque.

1780. — Femme drapée, dans la pose dite de la Pudicité, la chevelure disposée en larges bandeaux.

1781. — Prêtre imberbe, drapé, voilé et couronné de laurier ; à ses pieds une capsa.

1782. — Personnage romain drapé, relevant sa toge de la main gauche ; la tête manque.

2853. — Femme drapée et voilée ; à ses côtés, restes d'un deuxième personnage plus petit, marchant ; fragment de bas-relief avec restes d'une inscription grecque.

1786. — Édit de l'empereur Anastase ; grande inscription grecque relative à l'administration militaire de la Libye au commencement du vɪᵉ siècle. *Mission Vattier de Bourville.* Ptolémaïs.

TRIPOLITAINE

1787. — Partie inférieure d'une statue de Vénus, relevant sa draperie de la main gauche. *Don Ledoux, consul de France.* Tripoli.

TUNISIE
Carthage.

1788 à 1793. — Fragments d'une mosaïque : Quiriacus conduisant son quadrige aux courses du cirque ; cavalier et quatre fragments décoratifs, grecques, entrelacs, rosaces, guirlandes. *Don de Lagau, consul de France.*

2999. — Fragment d'une grande mosaïque représentant une femme debout, drapée et nimbée, tenant une fleur dans chaque main, entre deux flambeaux allumés. *Don de Lagau.*

1794. — Fragment de mosaïque : poissons au milieu des flots. *Don du vice-amiral Massieu de Clerval.*

1831. — Tête de Neptune, avec traces de peinture jaune et rouge dans la barbe et les cheveux.

3175. — Vénus pudique ; à ses pieds, un dauphin chevauché par un Amour. *Anc. coll. Tissot; Legs Eugène Lecomte.*

1838. — Les trois Éléments, bas-relief : la Terre, sous les traits d'une femme voilée, tenant deux enfants, assise sur un rocher et ayant à ses pieds des animaux ; devant elle une

divinité marine ; au-dessus d'elle le buste de la Lune. Un
bas-relief représentant le même sujet, conservé au Musée des
Offices à Florence, ornait l'autel monumental consacré à la
Paix par l'empereur Auguste. *Don L. Roches, consul de
France*.

1796. — Fragment d'une grande mosaïque : apprêts d'un
festin ; cinq serviteurs portant des mets, des réchauds et des
vases. Tr. au bas de Sidi Bou Saïd.

1882. — Dioscure debout, nu, coiffé du bonnet conique, un
pan de draperie sur l'épaule gauche, à ses pieds une tête de
cheval ; statue colossale. *Mission E. Babelon et S. Reinach*.
Tr. au Teurf el-Goulla (1).

Don du commandant Marchant.

1725. — Pluton drapé, assis, ayant à ses pieds le chien
Cerbère ; statuette.

1727. — Tête de jeune Satyre souriant, couronné de pin.

1729. — Petite tête barbue, couronnée de feuillage.

1830. — Tête colossale de Sérapis, coiffé d'un modius décoré
d'épis et de feuillage ; beau style ; traces de peinture rouge
dans la barbe et les cheveux.

1832. — Tête de Dioscure, coiffé du bonnet conique.

1836. — Tête d'acteur, recouverte d'un masque tragique.

1840. — Personnage barbu, coiffé d'un bonnet conique,
entraînant une jeune fille drapée ; fragment de bas-relief.

1837. — Tête de cynocéphale en basalte ; fragment portant
une inscription latine votive consacrée au dieu Sérapis par
Aurelius Pasinicus.

1858. — Fragment d'une stèle votive à Saturne.

1859. — Fragment d'une stèle à Saturne ; inscription votive
du prê.re C. Bebius Saturninus.

---

(1) La tête et la jambe droite avec l'avant-corps du cheval ont été acquis en 1887
grâce à une cession du Musée Britannique.

1866. — Fragment d'une base ronde, avec le pied d'une statue, portant le nom de Ti. Claudius Helis.

1867 et 1868. — Deux fragments d'une inscription en l'honneur d'un personnage du temps de Vespasien.

Mission Héron de Villefosse.

1833. — Gaîne surmontée d'une tête du Soleil; sur la gaîne, un cercle portant les signes du Zodiaque.

1844. — Fragment orné de trois têtes de lions.

1845. — Fragment décoratif orné d'une patère et d'une palmette.

1846. — Fragment de bas-relief décoratif, orné d'une rosace et d'une branche de chêne enroulée.

Mission Pricot de Sainte-Marie.

1834. — Tête de jeune homme casqué ; fragment d'une gaîne en forme d'hermès.

1835. — Tête de Mercure, ceinte d'un bandeau ailé ; fragment d'une gaîne semblable.

1839. — Femme drapée, agenouillée ; fragment d'un haut relief.

1865. — Base de statue portant deux inscriptions impériales, l'une sur la face principale en l'honneur de Marc-Aurèle, l'autre, sur une des faces latérales, en l'honneur de Constantin.

Envoi du directeur des antiquités et des arts,
P. Gauckler.

3176. — Vulcain, assis, vêtu d'une tunique courte qui découvre l'épaule droite, la jambe droite bandée ; statuette.

3177. — Tête de taureau ; entre les cornes, ornement en forme de pelta portant une dédicace à Saturne.

3395. — Inscription votive à Jupiter Hammon : liste de prêtres et de prêtresses.

Hammam Lif.

3178. — Fragment d'un bandeau d'architecture portant une inscription votive à Esculape consacrée par T. Julius Perseus.

Utique.

Don de la Société des fouilles d'Utique ; Mission du comte d'Hérisson.

1799. — Fragment de mosaïque : arrière-train d'un taureau au galop.

1800. — Fragment de mosaïque de travail très fin : scène amoureuse.

1801. — Fragment de mosaïque : Vénus couchée dans une barque conduite par des Amours.

1802. — Fragment de mosaïque : deux hommes nus occupés à la manœuvre d'un bateau.

1803. — Mosaïque représentant des Amours jouant avec des dauphins au milieu des flots.

1804. — Fragment de mosaïque : poissons et animaux de mer.

1805 à 1816 et 1818 à 1820. — Fragments de mosaïques décoratives : damier à surface inégale, combinaison de losanges, bordures, rosaces, tiges de plantes et de fleurs.

1817. — Fragment de mosaïque : canards, poissons et animaux de mer.

1821. — Petit fragment de mosaïque représentant une grappe de fruits.

1712. — Hylas portant une amphore sur l'épaule gauche ; statuette.

1713. — Petite tête d'enfant.

1841. — Animal marin, dont la partie antérieure est formée par un corps de biche ; bas-relief.

1842. — Actéon caché derrière un rocher pour surprendre Diane ; fragment d'un bas-relief cintré.

1843. — Buste de femme drapée et couronnée d'épis, sortant d'un fleuron ; le visage est mutilé ; haut-relief décorant le claveau d'une arcade.

1862. — Borne indiquant la contenance des jardins de Flavius Faustinianus et de Sabinius Munianus.

3396. — Moulage d'une inscription de la fin de la République avec le nom de D. Laelius Balbus. **Korbous**.

1864. — Moulage d'une inscription de la fin de la République, mentionnant la construction des remparts fortifiés de Curubis, faite pendant la guerre civile sous les ordres des deux légats P. Attius Vaarus et C. Considius Longus. **Kourba**.

Oudna.

3179. — Fragment d'un torse cuirassé : la cuirasse était ornée de tiges stylisées et de deux figures de Centaures affrontés.

1873. — Épitaphe de M. Aurelius Felix. *Don de la Société des fouilles d'Utique ; Mission du comte d'Hérisson.*

1875. — Stèle funéraire de Lusius Fortunatianus, ornée d'une pomme de pin, d'une guirlande et d'une palme. *Don de la Société des fouilles d'Utique ; Mission du comte d'Hérisson.* **Krich-el-Oued**.

1863. — Fragment d'une grande inscription relative à la condition des colons sur les domaines impériaux. *Don du Service des antiquités et des arts de la Régence de Tunis ; Envoi du Ministère de l'Instruction publique.* **Ksar-Mezouar.**

1847. — Minerve debout, armée et casquée, sous un édicule à fronton orné d'un aigle ; bas-relief avec inscription votive. *Don de la Société des fouilles d'Utique ; Mission du comte d'Hérisson.* **Aïn-Edja**.

Sanctuaire de Saturne à Aïn-Tounga.

Don du Service des antiquités et des arts de la Régence de Tunis.

1848. — Stèle à Saturne ; inscription votive de M. Anniolenus Restutus.

1849. — Stèle à Saturne ; inscription votive du prêtre L. Decimius Suco.

1850. — Stèle à Saturne ; inscription votive du prêtre Fondussus Urbanus.

1851. — Stèle à Saturne ; inscription votive du prêtre Fudius Honoratus.

1852. — Stèle à Saturne ; inscription votive de L. Lurius Rufus.

1853. — Stèle à Saturne ; inscription votive du prêtre T. Ovinius Privatus.

1854. — Stèle à Saturne ; inscription votive de Papinius Honoratus.

1855. — Stèle à Saturne ; inscription votive du prêtre Rogatus.

1856. — Stèle à Saturne ; inscription votive du prêtre Sextilius Felix.

1857. — Stèle à Saturne ; inscription votive du prêtre C. Vibulenus Maximus.

3397. — Moulage d'une inscription relative au colonat partiaire ; règlement d'un domaine agricole de l'époque de Trajan. *Envoi du directeur des antiquités et des arts, P. Gauckler*. Henchir Mettich.

1870. — Fragment d'un pilier quadrangulaire gravé sur trois de ses faces ; règlement d'une curie municipale. *Mission R. Cagnat*. Henchir ed-Dekir.

3180. — Poids de trois livres, en forme de sphère aplatie, portant la mention du contrôle d'Articuleius. *Envoi du directeur des antiquités et des arts, P. Gauckler*. Teboursouk.

1871. — Épitaphe grecque de C. Pinnius Justus, sénateur d'Amastris, assesseur judiciaire du proconsul d'Afrique. *Mission Pricot de Sainte-Marie*. Le Kef.

1869. — Inscription en l'honneur du chevalier romain L. Egnatuleius Sabinus. *Mission Héron de Villefosse*. El-Djem.

1872. — Épitaphe métrique, dite du Moissonneur ; inscription en lettres onciales. *Mission J. Letaille*. Makteur.

MARBRES ANTIQUES   7

1797 et 1798. — Fragments d'une mosaïque : Orphée, sous la figure d'un singe, charmant les animaux aux sons de sa lyre et quatre Amours en course montés sur des poissons, parodie des quatre factions du cirque. *Don du 27° Bataillon de Chasseurs à pied, commandant Malaper*. Sousse.

Environs de Gabès.
Don de la Société des fouilles d'Utique ; Mission du comte d'Hérisson.

1860. — Borne milliaire de l'empereur Nerva.
1861. — Borne milliaire de l'empereur Aurélien.

Zian.
Don du Bey de Tunis ; Envoi Pélissier, consul de France. Cession du Ministère de la Marine.

1823. — Personnage municipal drapé, avec la capsa à ses pieds ; la tête manque.
1824. — Homme debout, la poitrine nue, les jambes couvertes d'une draperie ; la tête et une partie des bras et des jambes manquent.
1825. — Torse d'empereur vêtu de la cuirasse en partie recouverte du paludamentum ; sur la cuirasse, deux Victoires de part et d'autre d'un candélabre.
1827. — Fragment d'une statue d'homme, la poitrine nue, les jambes couvertes d'une draperie ; manquent la tête, les bras et les jambes.

ALGÉRIE

Constantine.
Mission du commandant Delamare.

1880. — Mosaïque représentant le triomphe de Neptune et d'Amphitrite. *Don du 3° Régiment de Chasseurs d'Afrique, colonel Noël.*

1909. — Figure tenant un masque, à gauche un autre masque, à droite un buste dans un médaillon circulaire fragment de la face antérieure d'un petit sarcophage.

1957. — Stèle votive avec dédicace à Saturne : deux femmes drapées sous une niche, l'une tenant une grappe de raisin.

2020. — Cuve rectangulaire portant une inscription en l'honneur d'Antius Victoricus.

2047. — Fragment de l'inventaire des objets précieux conservés au Capitole de Cirta.

2048. — Fragment de l'inventaire des objets d'art servant à la décoration d'un nymphée.

2049. — Inscription en l'honneur de P. Porcius Optatus Flamma.

2050. — Fragment d'une inscription gravée sur onyx, consacrée par Julia Potita et d'autres femmes.

2051. — Épitaphe de Julia Queta.

2052. — Épitaphe d'Eraclida.

2053. — Épitaphe d'Eupmus.

El-Arrousch, entre Constantine et Philippeville.

Mission du commandant Delamare.

2021. — Borne milliaire de l'empereur Carin.

2022. — Borne milliaire des empereurs Trébonien Galle et Volusien.

2055. — Épitaphe de Varesia Donata.

Philippeville.

1890. — Amour endormi, couché sur une peau de lion.

Mission du commandant Delamare.

1882. — Personnage municipal drapé, avec la capsa à ses pieds.

1883. — Personnage municipal drapé, avec la capsa à ses pieds ; la tête manque.

1884. — Femme drapée tenant une guirlande.

1889. — Masque colossal barbu, la bouche ouverte.

1893. — Caducée entre deux cornes d'abondance ; fragment de bas-relief.

1894. — Bacchus accompagné de Pan, d'une Bacchante, d'un Satyre et de Silène ; bas-relief bachique.

1895. — Persée délivrant Andromède ; fragment de bas-relief.

1897. — Divinité fluviale assise, au-dessous d'elle un serpent ; angle d'un bas-relief.

1898. — Le Génie de la colonie de Pouzzoles ; fragment de bas-relief avec inscription votive.

1899. — Sacrifice d'un taureau en présence d'un personnage drapé, tenant une Victoire sur la main gauche avancée ; fragment de bas-relief.

1900. — Jeune homme drapé, soufflant dans une longue trompette ; fragment de bas-relief.

1901. — Personnage debout, tenant une palme, à ses pieds un bélier ; bas-relief votif.

1902. — Bas-relief analogue ; la palme est placée sur un autel.

1903 et 1904. — Fragments de bas-reliefs analogues.

1905. — Deux mains jointes, au-dessous un bélier ; fragment de bas-relief.

1958 à 1961. — Quatre fragments de stèles votives à Saturne.

1990. — Sarcophage de Ti. Claudius Crescentianus.

1991. — Cippe funéraire, en forme de colonne, de Q. Antonius Extricatus.

2017. — Cippe portant une inscription votive à Jupiter Apenninus.

2023. — Fragment d'un monument percé de trous numérotés qui correspondaient à chaque jour du mois ; une fiche indiquait le quantième.

2056. — Inscription en l'honneur du Génie de la colonie de Rusicade.

2057. — Fragment d'une inscription impériale en l'honneur de Trajan.

2058. — Fragment d'une inscription impériale en l'honneur d'Hadrien.

2059. — Fragment d'une inscription impériale en l'honneur de Marc-Aurèle ou de Lucius Verus.

2060. — Fragment d'une inscription impériale en l'honneur de Septime Sévère.

2061. — Fragment d'une inscription relative à un gouverneur de la province de Numidie Constantinienne.

2062. — Inscription en l'honneur de L. Ampelius, flamine perpétuel.

2063. — Inscription en l'honneur du décurion C. Annius, mentionnant le don de plusieurs statues fait par ce personnage.

2064. — Inscription en l'honneur du chevalier romain C. Caecilius Gallus.

2065. — Inscription en l'honneur de M. Fabius Fronto, rappelant les embellissement faits par lui au théâtre.

2066. — Fragment d'une inscription avec le nom de Liberia et de ses frères, mentionnant les réparations faites à des monuments de Rusicade.

2067 et 2068. — Fragments de deux inscriptions se rapportant aux mêmes personnages.

2069 et 2070. — Deux fragments d'une inscription honorifique.

2072. — Fragment de quelques lettres de l'inscription du sarcophage de Remmia Chrysophorusa.

2073. — Épitaphe de Pompeia Chia.

2074. — Épitaphe d'A. Albius Rufus.

2075. — Épitaphe d'Horatia Achaica.

2076. — Épitaphe de L. Sittius Orfitus.

2077. — Épitaphe de Cornelia Eutychis.

2078. — Épitaphe de M. Antonius Severus.

2079. — Épitaphe d'Aponia Boutia.

2081. — Épitaphe de C. Sergius Rufus.

2082. — Épitaphe de L. Manilius Urbanus.

2083. — Épitaphe de Ti. Claudius Helenus.
2085. — Épitaphe de Clodia Serena.
2087. — Épitaphe de Julia Cyrilla.
2088. — Épitaphe de P. Pactumeius Diadumenus.
2089. — Épitaphe de L. Domitius Urbanus.
2090. — Épitaphe de P. Sulpicius Marinus.
2091. — Épitaphe de L. Sergius Ispe.
2093. — Épitaphe de S. Elpis.
2094. — Épitaphe de Junia Maubbal.

2107. — Fragment d'une inscription honorifique. *Mission du commandant Delamare*. **Bône**.

Guelma.

Mission du commandant Delamare.

1906. — Génie funèbre dans une niche, appuyé sur une torche renversée; bas-relief.
1907. — Buste d'enfant; fragment de bas-relief.
1915. — Fronton portant une inscription votive à Neptune, consacrée par le prêtre L. Flavius Annius Privatus; deux figures se terminant en queues de poissons soutiennent le cartel.
1916. — Fragment d'architecture décoré d'un aigle.
1917 et 1918. — Deux caissons rectangulaires ornés d'une double rosace.
1921. — Fragment d'une stèle votive à Saturne, consacrée par Volusius.
1922. — Fragment d'une stèle votive à Mithras (?), consacrée par Torquatius.
1923 et 1924. — Deux fragments de stèles votives à Saturne.
1925. — Fragment d'une stèle votive à Saturne, consacrée par Aufidia Fundana.
1926 à 1933, 1937, 1940 et 1941. — Fragments de stèles votives à Saturne.

1934. — Stèle votive à Saturne, consacrée par C. Silius Nundinarius.

1935. — Fragment d'une stèle votive à Saturne, consacrée par Pontius Birzil.

1936. — Fragment d'une stèle votive à Saturne, avec restes d'une dédicace.

1938. — Fragment d'une stèle votive à Saturne, consacrée par Quinta Caecilia.

1939. — Fragment d'une stèle votive à Saturne, consacrée par Nampamo.

1942. — Fragment d'une stèle votive à Saturne : personnage drapé tenant une branche dans la main gauche abaissée.

1987. — Monument funéraire de Minucia Saturnina et de Marcellus, avec les bustes des défunts.

1988. — Monument funéraire de M. Rutilius Rogatus, avec la figure du défunt.

1989. — Monument funéraire quadrangulaire de Julia Bonosa et de C. Julius Januarius, orné des bustes des défunts dans une couronne et de bas-reliefs.

2014. — Fragment d'une inscription en l'honneur d'Hercule.

2028. — Fragment d'une inscription impériale en l'honneur de Trajan.

2029. — Inscription en l'honneur de Vibia Aurelia Sabina, fille de Marc-Aurèle.

2030. — Inscription mentionnant la consécration d'une statue de Neptune sur le nouveau forum de Calama, conformément aux dispositions testamentaires de Q. Nicius Annianus, prêtre de Neptune.

2031. — Inscription en l'honneur du flamine Rufinus, rappelant ses bienfaits envers la ville de Calama.

2032. — Inscription en l'honneur du chevalier romain Julius Rusticianus, mentionnant le don d'une statue d'Hercule.

2033. — Inscription relative au transfert d'une statue de la Fortune et de plusieurs statues de la Victoire, effectué sous la direction de Julius Rusticianus.

2034. — Inscription mentionnant des réparations faites à un édifice public, sous le règne de Théodose, par **Valentinus**, curateur de la ville.

2035. — Fragment d'une inscription honorifique, avec le nom de Veturianus.

2036 et 2037. — Fragments d'une inscription consacrée par Helvia Fortunata à l'un de ses parents.

2038. — Fragment de l'épitaphe de Flavia Flora, consacrée par un sous-officier de la IIIe légion Auguste.

2039. — Fragment d'une inscription funéraire.

Announa.

3398. — Autel votif à la Mère des dieux. *Don du lieutenant-colonel Thyl.*

Mission du commandant Delamare.

1908. — Tête de face; fragment de bas-relief.

1945 à 1956. — Fragments de stèles votives à Saturne.

2016. — Inscription votive à la Terre Mère, honorée sous les noms d'Aerecura et de Mère des dieux de l'Ida.

2041. — Épitaphe de Pompeius Honoratus et de **deux** autres membres de sa famille.

3181. — La déesse Caelestis, assise de face sur un lion, entre les bustes du Soleil et de la Lune. *Don Husson.* **Aïn-Amara.**

Lambèse.

2012. — Fragments d'un pilier monumental qui portait gravé sur ses trois faces un ordre du jour adressé par l'empereur Hadrien en 128 aux troupes de l'armée d'Afrique à la suite d'une revue passée à Lambèse. *Missions J. Letaille et R. Cagnat et Fouilles de l'abbé Montagnon.*

Mission Héron de Villefosse.

1775. — Cadran solaire avec base ornée de degrés.

2011. — Hémicycle portant une dédicace gravée en 198 par les sous-officiers de la III⁰ légion Auguste en souvenir des libéralités de Septime Sévère et de Caracalla.

2045. — Inscription en l'honneur d'Alexandre Sévère et de sa mère, consacrée par les principaux membres d'une des curies de la ville.

2044. — Inscription contenant le règlement du collège des trompettes de la III⁰ légion Auguste, avec dédicace à Septime Sévère et à ses fils.

3399. — Moulage d'une inscription contenant un règlement analogue.

Timgad.

1944. — Fragment d'une stèle votive à Saturne : Saturne couché entre les bustes du Soleil et de la Lune ; au-dessous, restes d'une figure dans une niche cintrée ; dédicace du prêtre C. Nonius Donatus. *Anc. coll. du commandant Delamare; Don Ch. Fichot.*

2013. — Album des décurions de Thamugadi, gravé, sous le règne de Julien, sur les faces latérales d'une base qui ne portait primitivement qu'une inscription en l'honneur de T. Flavius Mocimus. *Mission J. Letaille.*

2042. — Moulage d'une inscription, en lettres onciales, en l'honneur du sénateur Flavius Pudens Pomponianus.

1943. — Fragment d'une stèle votive à Saturne, ornée de deux registres de bas-reliefs ; sur le registre inférieur, deux personnages de part et d'autre d'un autel chargé de mets et quatre béliers. **Environs d'Aïn-Beida (?).**

1984. — Monument funéraire, en forme de caisson, du soldat Valerius Vitalis. *Mission J. Letaille.* **Tébessa.**

Environs de Tébessa.

Mission J. Letaille.

1985. — Fragment de la stèle funéraire du prêtre Saturninus avec l'image du défunt.

1986. — Monument funéraire, en forme de caisson, de L. Aemilius Severinus, surnommé Phyllirio, fait prisonnier et mis à mort par Capellien. *Don de l'abbé Delapard, curé de Tébessa.*

2024. — Inscription mentionnant la consécration, faite par Q. T. Politicus, de cinq statues et d'un temple aux dieux de Magifa. *Don du capitaine Farges.*

El-Kantara.

Mission Boutroue.

2015. — Cippe portant une inscription votive à Neptune, consacré par Q. Vettius Justus, centurion de la IIIe légion Auguste, commandant le détachement des Palmyréniens.

2043. — Fragment d'une inscription mentionnant le détachement des Palmyréniens.

2046. — Inscription mentionnant les droits perçus sur différentes marchandises; tarif de douanes de l'année 203. *Mission Héron de Villefosse.* Zraïa.

Djemila.

Mission du commandant Delamare.

1910. — Homme nu, debout sur une estrade, tenant une palme; bas-relief.

1919. — Fragment d'architecture, avec inscription datée du consulat de Dexter et Priscus, en 196.

1962. — Autel hexagonal, orné sur cinq de ses faces de figures debout très mutilées, consacré à Saturne par le prêtre T. Flavius Honoratus.

1963. — Stèle votive à Saturne, ornée de deux registres de bas-reliefs; dédicace du prêtre Q. Otacilius Felix et de sa femme Celsina.

1964. — Stèle votive à Saturne, surmontée du buste du dieu dans un fronton; dédicace de Gressia Saturnina.

1992. — Stèle funéraire de C. Vettius Antonianus et d'Aelia Donata, ornée de deux registres de bas-reliefs.

2018. — Inscription votive à la Terre Mère : dédicace d'un temple élevé par la colonie de Cuicul et consacré par le légat de Numidie C. Julius Lepidus Tertullus.

2098. — Inscription impériale en l'honneur de Trajan.

2099. — Inscription en l'honneur de Julia Domna.

2100. — Inscription provenant d'un monument consacré par le sénat de la colonie de Cuicul à Claudia Salvia.

Bougie.

Mission du commandant Delamare.

2010. — Sarcophage strigilé de Q. Fundilius Saturninus.

2019. — Inscription votive à Neptune, consacrée par Sex. Cornelius Dexter.

2108. — Inscription en l'honneur de Sex. Cornelius Dexter, juge suprême à Alexandrie.

2109. — Fragment d'une inscription avec le nom de la colonie de Saldae.

2110. — Épitaphe de M. Pomponius Maximus.

2111. — Épitaphe de Q. Pomponius Crispinus.

2112. — Épitaphe d'Orchivia Tertia.

1965. — Fragment d'une stèle votive à Saturne: personnage drapé, de face, la tête surmontée d'un croissant, deux oiseaux, une grenade, une palme, etc. Djidjelli.

Sétif.

Mission du commandant Delamare.

1911. — Fragment d'une tête de femme; bas-relief.

1966. — Stèle votive à Saturne, avec dédicace de Cassia Syra : femme drapée auprès d'un autel.

1967. — Fragment d'une stèle votive à Saturne, ornée de deux registres de bas-reliefs : les Dioscures de part et d'autre d'un lion.

1968. — Fragment d'une stèle votive à Saturne, avec l'image des Dioscures.

1969. — Partie supérieure d'une stèle votive à Saturne, avec le buste du dieu voilé.

1993. — Monument funéraire de Q. Considius Firmianus, orné du buste du défunt.

1994. — Fragment de la partie supérieure d'une stèle : buste d'un personnage drapé.

1995. — Fragment de stèle : homme debout drapé.

1996. — Fragment de stèle : restes d'un homme et d'une femme drapés debout sous une arcade.

1997. — Fragment de stèle : homme et femme drapés.

2101. — Épitaphe de Q. Licinius Saturninus.

2102. — Épitaphe de C. Julius Quetianus.

2103. — Épitaphe métrique d'un enfant.

2104. — Épitaphe de L. Ennius Restitutianus.

2105. — Épitaphe de Julia Honorata.

Mons.

Mission du commandant Delamare.

1912. — Bas-relief orné d'une guirlande suspendue à deux tiges.

1970. — Stèle votive à Saturne, ornée de trois registres de bas-reliefs.

1971. — Stèle votive à Saturne, ornée de trois registres de bas-reliefs; dédicace du prêtre Postimius Pudens.

1972. — Stèle votive à Saturne, ornée de trois registres de bas-reliefs; dédicace de Sempronius Saturninus.

1973. — Stèle votive à Saturne, ornée de deux registres de bas-reliefs.

1974. — Stèle votive à Saturne, ornée de trois registres de bas-reliefs; dédicace des prêtres C. Julius Victor et C. Julius Optatus.

1975. — Stèle votive à Saturne, ornée de trois registres de bas-reliefs; dédicace du prêtre Urbanus.

1976. — Fragment d'une stèle votive à Saturne, surmontée du buste du dieu.

1977. — Fragment de la partie inférieure d'une stèle votive à Saturne.

1978 à 1980. — Fragments de stèles votives à Saturne.

1981. — Stèle votive à Saturne, ornée de bas-reliefs et d'une couronne; dédicace du prêtre P. Furius Saturninus.

1982. — Fragment de la partie supérieure d'une stèle votive à Saturne, avec l'image du dieu auprès d'un lion.

1983. — Partie supérieure d'une stèle votive à Saturne, avec le buste du dieu tenant la harpé.

1998. — Monument funéraire hexagonal, décoré de sculptures sur ses six faces.

1999. — Stèle funéraire de A. Cossinius Saturninus et de Cossinia Secunda : femme drapée debout sous un fronton soutenu par deux colonnes corinthiennes.

2000. — Fragment de stèle : homme drapé debout entre deux colonnes corinthiennes.

2001. — Stèle funéraire de Q. Clodius : homme et femme drapés.

2002. — Stèle funéraire d'Ofellia Matrona : homme et femme drapés.

2003. — Stèle funéraire d'Allia Saturnina, ornée de deux registres de bas-reliefs.

2004. — Fragment de la partie supérieure d'une stèle à fronton : buste d'un personnage drapé.

2005. — Stèle funéraire : homme debout sous un portique.

2006. — Fragment de stèle : homme et femme drapés.

2007. — Stèle funéraire de P. Granius Felix et de Valeria Rogata, ornée de vases.

2008 et 2009. — Fragments de stèles : homme et femme drapés.

2106. — Épitaphe de Gabinia Semperusa.

Cherchel.

1881. — Jupiter debout, nu, un pan de draperie sur l'épaule gauche, avec l'aigle à ses pieds; la tête, les bras et la jambe gauche manquent.

1891. — Femme élégamment drapée, accoudée sur un grand vase orné de sujets en relief; derrière elle un élégant édifice; à droite, restes d'une figure soutenant le globe du monde; bas-relief hellénistique (voy. le n° 8, salle des Caryatides). *Don Rattier*.

3182. — Juba II, roi de Maurétanie; tête. *Envoi S. Gsell; Don de l'Association historique de l'Afrique du Nord*.

1887. — Ptolémée, fils de Juba II, roi de Maurétanie; buste. *Don du capitaine d'Agon de la Contrie*.

2114. — Épitaphe de P. Cornelius Dammaeus. *Mission du commandant Delamare*.

Mission V. Waille; Envoi du Ministère de l'Instruction publique.

1886. — Juba II, roi de Maurétanie; tête.

3183. — Ptolémée, roi de Maurétanie; petit buste.

1763. — Tête de Vénus diadémée.

1764. — Petit masque tragique.

1885. — Tête barbue, la chevelure soigneusement frisée et ceinte d'un large bandeau.

1914. — Pilier quadrangulaire, décoré sur ses quatre faces d'enroulements 'de feuillages.

1888. — Ptolémée, roi de Maurétanie; petit buste d'un travail très soigné et d'une conservation parfaite. *Acquis sur les arrérages du legs Bareiller*. **Hammam R'hira.**

2118. — Inscription de basse époque, en caractères cursifs, gravée sur un bloc d'onyx. *Don d'Auterroches et C*ⁱᵉ. **Tr. dans les carrières romaines d'Aïn-Tekbalet.**

Mission du commandant Delamare.

1892. — Caducée et restes d'un animal indistinct; fragment de bas-relief.

1913. — Petit buste; fragment de bas-relief très fruste.

1920. — Fragment décoratif, orné d'une rosace et d'une branche de chêne enroulée.

3400. — Moules et moulins en pierre.

MAROC

1752 à 1754. — Trois petites stèles à fronton, portant un personnage debout, les bras levés. *Mission H. de la Martinière*. **Volubilis.**

Le visiteur trouvera réunis dans les galeries Denon et Mollien la très riche collection de sarcophages et de fragments de sarcophages que possède le Musée et dont bon nombre proviennent de la collection Borghèse.

Les bronzes placés dans ces galeries et qui reproduisent des antiques célèbres, notamment les fontes exécutées à Fontainebleau sous le règne de François Iᵉʳ dans les moules rapportés de Rome par le Primatice, celles des Keller et celles de Valadier appartiennent au département des sculptures de la Renaissance.

XXVI. — GALERIE DENON

A droite :

3184. — Sarcophage représentant la légende de Diane et Endymion ; sur les faces latérales combats d'animaux ; au revers, bucrânes, guirlandes et patères. **Ile de Castellorizo.**

570. — Cippe funéraire, richement décoré, d'Attia Quintilla. *Coll. Borg.* **Rome.**

2124. — Urne cinéraire, sans inscription, ornée de bucrânes et de guirlandes. *Coll. Jenkins.* **Rome.**

265. — Cippe funéraire d'Antonius Tyrannus, orné de bucrânes et de guirlandes. *Coll. Borg.* **Rome.**

2125. — Cippe funéraire de l'affranchi C. Licinius Primigenius, avec bas-relief représentant un banquet funèbre. *Coll. Jenkins.* **Rome.**

2136. — Colonne en brèche d'Égypte. *Coll. Borg.*

539. — Sarcophage représentant la mort de Méléagre. *Coll. Borg.* **Italie.**

1619. — Cippe funéraire de Julia Rhodope. *Coll. Camp.* **Italie.**

1539. — Grande urne cinéraire, richement ornée, de L. Vestarius Trophimus. *Coll. Malatesta.* **Rome.**

1622. — Cippe funéraire d'Aufidia Saturnina.

2131. — Colonne en brèche violette. *Coll. Borg.*

1033. — Face antérieure, avec le côté gauche, et moulage du côté droit d'un sarcophage représentant la légende de Dédale et Pasiphaé. *Coll. Borg.* **Rome.**

3185. — Cippe funéraire orné sur la face antérieure d'un buste de jeune Romain, entre deux cornes d'abondance; sur le côté droit dédicace datée de l'an 351. *Coll. É. Zola.* **Rome.**

55. — Urne cinéraire de Furia Secunda, ornée de têtes de béliers et de guirlandes. *Coll. Jenkins.* **Rome.**

3186. — Cippe funéraire de T. Flavius Cerialis.

2138. — Colonne en marbre cipollin. *Envoyée de Marseille.*

2294. — Grand sarcophage : sur le devant, Phèdre et Hippolyte; sur le revers, deux lions de part et d'autre d'un vase; sur les faces latérales, deux griffons affrontés. *Coll. Camp.* **Douane del Chiarone, Environs de Montalto.**

1633. — Cippe funéraire d'Aelia Procula, avec l'image de la défunte en Diane chasseresse. *Coll. Camp.* **Rome.**

1629. — Cippe funéraire de M. Junius Diogenes et de Julia Vitalis. **Rome.**

132. — Cippe funéraire du tribun militaire C. Coruncanius Oricula. *Coll. Borg.* **Rome.**

2145. — Colonne en vert campan.

2119. — Grand sarcophage de style gréco-romain, représentant sur trois de ses faces des épisodes de combats de Grecs et d'Amazones (sur le côté gauche Achille et Penthésilée) ; au revers, deux termes d'Hercule, deux guirlandes soutenues par un aigle et deux griffons ; sur le couvercle, hommes et femmes couchés. *Don Gillet, consul de France; Mission Mynoïde Minas.* **Salonique.**

303 et 3187. — Deux urnes cinéraires carrées, munies de leurs couvercles, décorées de guirlandes et de têtes de bélier. *Don Gillet; Mission Mynoïde Minas.* **Salonique.**

2147. — Cippe funéraire orné du buste de L. Julius Flavus, élevé par Julia Isias à son co-affranchi. *Coll. Jenkins.* **Rome.**

2149. — Colonne en vert campan.

2347. — Grand sarcophage représentant, sur trois de ses faces, différentes scènes de la légende d'Apollon et Marsyas. *Coll. Camp.* **Douane del Chiarone, Environs de Montalto.**

1363. — Cippe funéraire de C. Attius Venustus et de sa famille. *Coll. Malatesta.* **Rome.**

2175. — Cippe funéraire sans inscription.

1616. — Grand cippe funéraire du sénateur C. Mocconius Verus. *Coll. Camp.* **Rome.**

2155. — Colonne en marbre cipollin. *Envoyée de Marseille.*

339. — Sarcophage représentant la création, la vie et la mort de l'homme, dit sarcophage de Prométhée. *Donné au Roi en 1822 par la ville d'Arles.* **Arles.**

2187. — Cippe funéraire, richement orné de têtes de bélier, de guirlandes, de patères, de sphinx et de sirènes, élevé par P. Ambivius Hermes à son père et à sa sœur. *Coll. Camp.* **Rome.**

2166. — Cippe funéraire de P. Aufidius Epictetus, avec une inscription métrique.

2205. — Cippe funéraire sans inscription; griffons gardant un trépied. *Coll. Camp.*

2161. — Colonne en brèche violette. *Coll. Borg*

342. — Sarcophage représentant des Tritons, des Amours et des Néréides portées par des animaux marins. *Église Saint-François au Transtévère, puis Musée du Capitole.* **Rome.**

1530. — Cippe funéraire de Sex. Truttedius Maximianus; au revers inscription latine du Moyen âge datant de 1172. *Église des Saints-Côme-et-Damien, puis Palais Altemps.* **Rome.**

2214. — Grande urne cinéraire, ornée d'une couronne, de l'affranchi impérial T. Flavius Romanus. *Coll. Camp.* **Rome.**

1493. — Cippe funéraire, richement orné, du dégustateur Chrysaor, affranchi impérial. *Coll. Camp.* **Rome.**

2167. — Colonne en vert antique. *Coll. Borg.*

350. — Sarcophage de Blaera Vitalis, centurion de la IIIe légion Auguste: la face principale présente des Amours forgeant des armes; sur les côtés, des griffons. *Coll. Camp.* **Voie appienne, Environs de Rome.**

2191. — Cippe funéraire de A. Baebius Felix. *Coll. Jenkins.* **Rome.**

3188. — Grande urne cinéraire avec inscription effacée: banquet funèbre, feuillage et tiges de laurier.

2221. — Cippe funéraire de Seria Corinthias. *Coll. Camp.* **Rome.**

2215. — Cippe funéraire de L. Trebonius Hermes et de Fabia Nape.

2216. — Petit monument funéraire de Vibia Fortunata.

A gauche:

3189. — Sarcophage orné d'un palmier, de deux Amours et d'oiseaux. **Italie.**

1373. — Cippe funéraire, orné de griffons, de Cn. Turpilius Bioticus. *Coll. Jenkins.* **Rome.**

2129. — Cippe funéraire de Cornelia Eutychia. *Coll. Jenkins.* **Rome.**

1573. — Cippe funéraire de Ti. Claudius Anicetianus. *Coll. Camp.* **Rome.**

2143. — Cippe funéraire de Calpurnia Grapte. *Coll. Malatesta.* **Rome**.

2200. — Cippe funéraire de l'affranchi impérial Cupitus Atticianus. *Coll. Camp.* **Rome**.

2130. — Cippe funéraire de Precilia Aphrodite. *Coll. Jenkins.* **Rome**.

2177. — Colonne en brèche d'Égypte. *Coll. Borg.*

459. — Sarcophage décoré de masques bachiques et de guirlandes supportées par des Amours. *Acquis sur les arrérages du legs Bareiller.* **Tharros (Sardaigne)**.

2180. — Cippe funéraire de P. Vallius Alypus, surmonté du buste du défunt. *Coll. Jenkins.* **Rome**.

2220. — Grande urne cinéraire de L. Junius Hierax. *Coll. Camp.* **Rome**.

38. — Cippe funéraire d'Egnatia Soteris. **Rome**.

2148. — Urne cinéraire de Flavia Sabina, ornée de masques tragiques et d'Amours sur un hippocampe. **Rome**.

2181. — Cippe funéraire de l'affranchi impérial M. Ulpius Erasmus.

2182. — Colonne en brèche violette. *Coll. Borg.*

1335. — Sarcophage représentant la légende de Diane et Endymion : sur les faces latérales, un berger gardant son troupeau et Diane dans un char traîné par des taureaux ; sur le couvercle, le jugement de Pâris et une scène champêtre. **Saint-Médard d'Eyran (Gironde)**.

6. — Cippe funéraire de T. Calidius Felix. *Coll. Jenkins.* **Rome**.

3401. — Sarcophage arrondi : génies soutenant une guirlande; aux extrémités un lion et un vase. **Italie**.

1562. — Cippe avec inscription latine mentionnant des fondations faites à Gabies, en l'année 168, par A. Plutius Epaphroditus en souvenir de sa fille Plutia Vera. *Coll. Borg.* **Gabies**.

2188. — Colonne en marbre cipollin. *Envoyée de Marseille.*

459. — Sarcophage représentant différentes scènes de la légende de Diane et Actéon; plusieurs parties sont restaurées. *Coll. Borg.* **Environs de Rome**.

2954. — Sarcophage strigilé avec le buste de la défunte au-dessus de deux cornes d'abondance; aux angles, deux génies funèbres s'appuyant sur des torches renversées. *Coll. Camp.* **Italie.**

2196. — Colonne en vert campan.

2120. — Sarcophage orné sur les quatre faces de scènes empruntées à la légende d'Achille : Achille au milieu des filles de Lycomède, Achille reconnu par Ulysse, Achille s'armant entouré de héros, Priam réclamant à Achille le corps d'Hector (cette dernière scène est de travail moderne). *Coll. Borg.* **Rome.**

2198. — Cippe funéraire de Domitia Paulina. *Coll. Camp.* **Rome.**

2199. — Cippe funéraire de Pacuvia Severa. *Coll. Camp.* **Rome.**

2201. — Colonne en vert campan.

475. — Sarcophage des Muses, un des plus beaux et des mieux conservés du Musée; sur la frise du couvercle, festin bachique. *Coll. du cardinal Albani, puis Musée du Capitole.* **Route d'Ostie, Environs de Rome.**

1498. — Sarcophage de M. Mynius Lollianus : personnage lauré sur un cheval richement caparaçonné; Amours portant des couronnes. **Monticelli.**

2206. — Colonne en marbre cipollin. *Envoyée de Marseille.*

1346. — Sarcophage représentant la légende de Bacchus et Ariane : sur les faces latérales, Pan et un Satyre; sur le couvercle, le triomphe de Bacchus et le buste d'un défunt, dont le visage est inachevé. **Saint-Médard d'Eyran (Gironde).**

1626. — Cippe funéraire d'Aurelia Fortunata. *Coll. Camp.* **Rome.**

1520. — Sarcophage d'un jeune poète, orné de bas-reliefs: enfants conduisant un char traîné par des béliers, jeune homme récitant des vers, apothéose du défunt. *Coll. Camp.* **Italie.**

54. — Cippe funéraire de L. Volusius Primanus, scribe des questeurs. *Coll. Jenkins.* **Rome.**

2211. — Colonne en brèche violette. *Coll. Borg.*

360. — Sarcophage orné de strigiles, avec le buste du défunt au-dessus de deux cornes d'abondance ; aux angles, lions dévorant des animaux.

2158. — Cippe funéraire de Chresimus, surmonté du buste du défunt. **Rome.**

1460. — Cippe funéraire de L. Octavius Carpus, surmonté du buste du défunt. **Rome.**

2204. — **Cippe** funéraire de M. Claudius Parthenius et d'Anthia Myrtis. *Coll. Camp.* **Rome.**

2210. — Cippe funéraire de Ti. Claudius Severianus.

2141. — Cippe funéraire de **M**. Sulpicius Bassus.

2217. — Colonne en vert antique. *Coll. Borg.*

322. — Sarcophage représentant des Centaures marins, des Tritons et des Néréides; au centre le buste du défunt dans une coquille. *Sacristie de l'église Saint-Sulpice; Musée des Monuments français.*

7. — Urne cinéraire, avec son couvercle, de C. Bellicius Prepons, ornée de têtes de Jupiter Ammon, de sphinx et d'un masque de Méduse. **Rome.**

2170. — Urne cinéraire de l'esclave impérial Aimnestus. *Coll. Jenkins.* **Rome.**

1561. — Cippe funéraire d'Hyginus. *Coll. Camp.* **Rome.**

2136. — Cippe funéraire de L. Flavius Saturninus, orné de génies, d'animaux et d'une guirlande. **Rome.**

XXVII. — PAVILLON DENON

A droite :

2320. — Femme debout, drapée, restaurée en Cérès, couronnée d'épis. *Coll. Borg.*

2266. — Amour ailé, debout, nu, dit l'Amour Farnèse; la tête, les bras tenant des couronnes, la plus grande partie des jambes et le tronc d'arbre sont modernes. *Fouilles de Napo-léon III*. Jardins Farnèse au Palatin à Rome.

A gauche :

2333. — Bacchus jeune, couronné de lierre, debout, nu, tenant de la main droite élevée une grappe de raisin; à ses pieds un tronc d'arbre recouvert de la nébride. *Coll. Borg.*

2278. — Vénus debout, à demi drapée, jouant avec l'Amour assis à sa gauche sur un tronc d'arbre. *Coll. du cardinal de Richelieu; Château de Richelieu.*

XXVIII. — GALERIE MOLLIEN

Kabr Hiram, près de Tyr (Syrie).

La mosaïque de Kabr Hiram formait le pavement d'une église consacrée à saint Christophe. Elle avait été exécutée, d'après l'inscription, sous l'archi-prêtre et chorévêque Georges et le diacre administrateur Cyros, en l'année 701 d'une des ères usitées en Syrie, sans doute l'ère de Tyr; la date nous reporterait ainsi à la deuxième moitié du vii⁰ siècle, vers le règne de Justin II, quoique le style général de l'œuvre semble par certains côtés antérieur. Cette mosaïque a été rapportée par Renan en 1862, à la suite de sa mission en Phénicie (1).

2230 et 2232. — Grandes bandes de mosaïque, ornées de médaillons représentant les Saisons et des vents et des mois personnifiés, accompagnés de leurs noms, ainsi que des animaux et des fruits; travées droite et gauche.

2231. — Panneau de mosaïque rectangulaire, formé de trente et un médaillons qu'entourent des rinceaux ornés de feuillages

---

(1) L'absence d'une salle présentant une superficie suffisante pour exposer la mosaïque d'un seul tenant a contraint de la diviser au centre et sur les parois des extrémités de la salle : un tableau d'assemblage, exposé sous l'arcade à droite à l'entrée de la galerie, permet aisément de se représenter la disposition originelle.

et de fleurs s'échappant de vases situés aux quatre coins (combats d'animaux, scènes rustiques, jeux d'enfants, surtout scènes de la vie agricole); travée centrale.

2233 et 2234. — Huit cadres de mosaïque superposés, représentant des animaux se poursuivant: d'une part, lion et cerf, panthère et taureau, ours et cheval, chien et lièvre; de l'autre, lionne et sanglier, ours et cheval, chien et lièvre, panthère et taureau; espaces entre les colonnes.

2235. — Panneau de mosaïque rectangulaire: ornements géométriques et grande inscription grecque relative à l'exécution de la mosaïque; partie centrale devant l'autel.

2236. — Panneau de mosaïque composé de plusieurs fragments décoratifs et d'une inscription grecque.

A droite:

2245. — Colonnette en vert d'Égypte. *Dépôt des Petits-Augustins*.

974. — Mort d'Oenomaüs et victoire de Pélops; devant d'un sarcophage arrondi. *Coll. Borg.* Italie.

2251. — Colonnette en granit gris.

365. — Centaures marins, Néréides et Vénus sortant de l'onde; devant de sarcophage. *Coll. Borg.* Rome.

353. — Funérailles d'Hector; devant de sarcophage (?). *Coll. Borg.* Italie.

958. — Fragment de sarcophage relatif à la légende de Méléagre. *Coll. Borg.* Italie.

329. — Enfants se livrant à des exercices de lutte et d'adresse; devant de sarcophage. *Coll. Borg.* Italie.

959. — Diane, Hercule et un Dioscure coiffé du bonnet conique; fragment d'un sarcophage relatif à la légende de Méléagre: *Coll. Borg.* Italie.

1495. — Le Soleil maîtrisant les chevaux de Phaéton; fragment de sarcophage. *Coll. Camp.* Italie.

3190. — Colonne en brèche violette.

283. — Sarcophage représentant quatre scènes de la légende

de Médée : Créuse reçoit les présents que sa rivale lui envoie
par ses enfants ; elle ressent les effets du poison ; Médée est
sur le point de massacrer les enfants qu'elle a eus de Jason ;
la magicienne victorieuse part, après sa vengeance, dans un
char traîné par des serpents ailés. *Coll. Borg*. Italie.

607. — Diane et Endymion ; fragment de sarcophage. *Coll.
Borg*. Italie.

654. — Mort de Méléagre ; fragment de sarcophage. *Coll.
Borg*. Italie.

3191. — Combat de Grecs et d'Amazones ; fragment de sarcophage très mutilé.

985. — Grand masque d'Hercule coiffé de la peau de lion ;
angle de sarcophage. *Coll. Camp*. Italie.

950, 3192 et 3193. — Fragments d'un sarcophage avec des
figures d'acteurs. *Coll. Camp*. Italie.

983. — Grand masque de femme coiffée d'une couronne
tourelée ; angle de sarcophage. *Coll. Camp*. Italie.

853. — Amazone à cheval combattant un Grec abrité derrière
son bouclier et brandissant une hache ; d'autres fragments
analogues, provenant sans doute d'un grand sarcophage,
existent à Athènes. *Miss⁺on Ph. Le Bas*. Athènes.

3194. — Colonne en marbre cipollin.

1052. — Achille et Penthésilée ; devant de sarcophage. *Coll.
Borg*. Rome.

302. — Frise provenant d'un couvercle de sarcophage : au
centre le portrait de la défunte ; à droite et à gauche diverses
scènes, séparées par des termes, où paraissent des Amours.
Coll. Borg. Italie.

262 et 273. — Combats de Grecs et d'Amazones ; fragments
d'un sarcophage. *Coll. Borg*. Italie.

355. — Prométhée formant l'homme et dérobant le feu du
ciel ; devant de sarcophage (?). *Coll. Borg*. Italie.

1784, 1785 et 2435. — Combat de Grecs et d'Amazones ;
fragments d'un sarcophage gréco-romain. *Mission Vattier de
Bourville*. Cyrène.

395. — Colonne en marbre rouge.

1046. — Bacchus et les Génies des quatre Saisons ; devant de sarcophage. *Coll. Borg.* **Italie.**

1500. — Fragment d'un grand sarcophage: personnage drapé, debout entre deux femmes, dit Homère entre l'Iliade et l'Odyssée ; dans le fond un édifice richement orné. *Coll. Borg.* **Italie.**

1497. — Fragment provenant peut-être du même sarcophage: homme et femme drapés debout de part et d'autre d'une porte richement ornée. *Coll. Borg.* **Italie.**

3196 à 3198. — Trois fragments de sarcophages du type dit d'Asie-Mineure : personnage imberbe à demi drapé ; buste de jeune homme et angle de cuve ; jeune ministre des sacrifices. *Don P. Gaudin.* **Laodicée de Phrygie.**

3199. — Angle supérieur d'un sarcophage du même type. *Don P. Gaudin.* **Sardes.**

333. — Quatre Amours conduisant des chars, personnifiant les quatre factions du cirque ; devant de sarcophage. *Coll. Borg.* **Italie.**

1640. — Quatre Amours au cirque dans des chars ; devant de sarcophage. *Coll. Camp.* **Italie.**

3200. — Colonne en marbre cipollin.

3402. — Fragment de sarcophage : Pan, Satyres et Ménades. *Coll. du Roi; Musée des Monuments français. Don J.-A. Durighello.*

351. — Époux romains, du iiie siècle, à demi couchés ; couvercle de sarcophage. *Coll. Camp.* **Environs de Viterbe.**

51. — Bacchante jouant des cymbales; angle d'un couvercle de sarcophage.

53. — Bacchus et sa panthère ; angle d'un couvercle de sarcophage.

4. — Chasseur pleurant Adonis; fragment de sarcophage. *Coll. Borg.*

3201. — Colonne en marbre cipollin.

1017. — Chute de Phaéton ; devant d'un grand sarcophage. *Coll. Borg.* **Italie.**

1658. — Famille de Centaures avec le jeune Bacchus ; fragment d'un sarcophage arrondi.

29. — Poète dramatique assis, entouré de Muses ; fragment de sarcophage. *Coll. Borg.* Italie.

3202. — Fragment de sarcophage : tête de lion portant un anneau, Satyres dansant, enfant bachique, panthère et masque. *Don de M*^me^ *Jacquemart-André.* Italie.

971. — Ariane endormie, entourée de Satyres ; au-dessus une tête de lion ; fragment d'un devant de sarcophage. *Coll. Borg.* Italie.

327. — Quatre Amours conduisant des chars, personnifiant les quatre factions du cirque ; devant de sarcophage. *Coll. Borg.* Italie.

338. — Amours parodiant le convoi d'Hector ; devant de sarcophage. *Coll. Borg.* Italie.

3203. — Colonne en marbre rouge.

380. — Oreste et Pylade ; fragment de sarcophage (?). *Coll. Borg.* Italie.

1607. — Scènes de la légende d'Oreste et Iphigénie ; fragment de sarcophage. *Coll. Borg.* Italie.

1568. — Génie du sommeil et masque ; angle d'un couvercle de sarcophage.

1570. — Amours s'enivrant auprès d'un grand cratère, scène bachique ; fragment de sarcophage (?).

1600. — Deux personnages conduisant des bœufs attelés à un chariot ; restes d'un cartel avec quelques lettres d'une inscription latine ; fragment d'un couvercle de sarcophage.

1627. — Femmes ailées soutenant un médaillon avec le buste de la défunte ; au-dessous, Charon dans sa barque entre l'Océan et la Terre personnifiés ; devant de sarcophage.

1577. — Amour sur un char traîné par des sangliers ; fragment de sarcophage (?). *Coll. Camp.* Italie.

1594. — Amour ailé, une draperie sur l'épaule gauche ; fragment d'un couvercle de sarcophage.

1572. — Amours avec une corne d'abondance ; fragment de sarcophage (?).

1576. — Enfants à la chasse, chiens et divers animaux ; fragment de sarcophage (?).

3204. — Colonne en marbre cipollin.

410. — Scènes de la légende de Jason et Médée; devant de sarcophage. *Coll. Borg.* **Italie.**

286. — Familles de Centaures avec Pan, une Ménade et un Satyre; devant d'un sarcophage arrondi. *Coll. Borg.* **Italie.**

1466. — Fragment du sarcophage de Q. Petronius Melior, orné de bas-reliefs relatifs à la vie du défunt. *Coll. Camp.* **Florence.**

1449. — Couvercle d'un petit sarcophage; dauphins nageant dans les flots. *Coll. Camp.* **Italie.**

306. — Amour à cheval sur un griffon marin, génies supportant des guirlandes; devant de sarcophage. *Coll. Borg.* **Italie.**

1571. — Jeux du ceste : le vainqueur tient une palme; restes de huit personnages; fragment de sarcophage (?).

952. — Partie antérieure d'un petit sarcophage strigilé: au centre le buste du jeune défunt tenant un oiseau, dans un médaillon placé au-dessus de deux cornes d'abondance; aux extrémités, deux génies bachiques. *Coll. Camp.* **Italie.**

3205. — Colonne en marbre rouge.

3206. — Sarcophage gréco-punique; sur le couvercle, prétresse drapée et voilée, les pieds posés sur une petite base. *Fouilles du P. Delattre; offert suivant décision du gouvernement du Protectorat.* **Carthage.**

1447 et 1448. — Deux fragments d'un couvercle de sarcophage : Amour, tête de Méduse, masques, animaux.

1591. — Fragment du cartel d'un sarcophage avec l'épitaphe de Cl. Antoninus.

947. — Fragment de sarcophage orné d'une tête de Méduse, avec restes d'une inscription grecque.

1454. — Fragment d'un petit sarcophage : personnage à demi drapé s'appuyant sur un bâton, poètes assis devant des masques de théâtre. *Coll. Camp.* **Italie.**

605. — Cortège d'enfants bachiques; devant de sarcophage. *Coll. Camp.* **Italie.**

1592. — Sacrifice bachique et Satyres vendangeurs; fragment de sarcophage (?).

1533. — Amours vendangeurs ; fragment de la frise d'un couvercle de sarcophage.

1450. — Quatre Amours au cirque dans des chars; fragment d'un petit sarcophage arrondi. *Coll. Camp.* **Italie.**

3207. — Fragment d'un couvercle de sarcophage en toit à double pente, orné de masques et d'une figure nue assise, accompagnée d'un lézard et d'une torche renversée.

A gauche :

2297. — Colonnette en vert d'Égypte. *Dépôt des Petits-Augustins.*

972. — Dispute d'Apollon et Marsyas, punition de Marsyas ; devant de sarcophage. *Coll. Borg.* **Italie.**

2304. — Colonnette en granit gris.

408. — Bacchus et Ariane ; devant de sarcophage. *Coll. Borg.* **Italie.**

409. — Enlèvement de Proserpine ; devant de sarcophage. *Coll. Borg.* **Rome.**

1663. — Fragment de sarcophage se rapportant à la légende de Phèdre et Hippolyte : restes de sept personnages et d'un Amour. **Salonique.**

319. — Cérémonie de la conclamation : le défunt, étendu sur un lit, est entouré de ses parents et de ses amis ; devant de sarcophage (?). *Coll. Borg.* **Italie.**

1642. — Phèdre assise, entourée de sa nourrice, d'un Amour et de trois femmes ; fragment de sarcophage. *Coll. Borg.* **Italie.**

3208. — Colonne en brèche violette.

362. — Scènes relatives à la légende de Diane et Endymion : arrivée de Diane au mont Latmos, départ de la déesse; devant de sarcophage. *Coll. Borg.* **Italie.**

384. — Naissance de Vénus, Tritons et Néréides ; devant de sarcophage. *Coll. Borg.* **Italie.**

3209. — Fragment de sarcophage : chasseur armé d'un épieu, deux chiens attaquant un cerf, palmiers ; dans le fond, bouquetin fuyant. *Don J.-A. Durighello.* **Sidon.**

388. — Génies soutenant un médaillon, panthères et vases d'où s'échappent des fruits; devant de sarcophage. *Coll. Borg.* Italie.

17. — Diane marchant à droite, un chien et un jeune homme au repos; angle d'un sarcophage gréco-romain.

3210. — Colonne en marbre cipollin.

1013. — Bacchus et Ariane dans des chars traînés par des Centaures; au centre, les bustes de deux défunts dans un médaillon; devant de sarcophage. *Coll. Borg.* Italie.

981. — Deux guerriers cuirassés et casqués, une femme voilée et un enfant; fragment de sarcophage (?).

277 et 296. — Centaures marins, Tritons et Néréides; fragments d'un sarcophage. *Coll. Borg.* Italie.

1590. — Silène et Satyre couchés; génie ailé jouant avec une panthère et Ménades; frise d'un couvercle de sarcophage. *Coll. Borg.* Italie.

801. — Génies soutenant un médaillon orné d'une tête de Méduse; devant de sarcophage. *Coll. Borg.* Italie.

1558. — Amour avec une corbeille de fruits; angle d'un petit sarcophage.

1456. — Hercule et un jeune homme; fragment de sarcophage.

3211. — Colonne en marbre rouge.

1029. — Phèdre et Hippolyte, Hippolyte et le sanglier; devant de sarcophage. *Coll. Borg.* Italie.

1634. — Néréides couchées sur des animaux marins; extrémités de la frise d'un couvercle de sarcophage dont le milieu manque. *Coll. Borg.* Italie.

376. — Devant de sarcophage représentant des Amours : au centre, au-dessous d'un médaillon, deux génies font battre des coqs. *Coll. Borg.* Italie.

1896. — Travaux d'Hercule : le lion de Némée et l'hydre de Lerne; fragment de sarcophage. *Envoi du duc d'Orléans.* Philippeville.

1628. — Génies ailés soutenant un médaillon avec le buste du défunt : au-dessous, enlèvement de Ganymède; devant de sarcophage. *Coll. Borg.* Italie.

3212. — Hercule et un jeune homme coiffé du bonnet phrygien ; angle d'un sarcophage. **Ras-el-Ain, Environs de Tyr.**

3213. — Colonne en marbre cipollin.

3214. — Fragment de sarcophage (?) : buste d'un personnage imberbe.

1583 et 1584. — Deux grands masques bachiques de profil ; angles de couvercles de sarcophages. *Coll. Camp.* Italie.

1597 et 1598. — Victoires et Amours ; fragments de sarcophages (?).

1579. — Bacchante jouant du tambourin ; fragment de sarcophage (?).

1556. — Bacchante ; fragment de sarcophage (?).

1504. — Têtes de Méduse et guirlandes ; devant d'un grand sarcophage.

3215. — Colonne en marbre cipollin.

346. — Chasse au lion ; devant de sarcophage. *Coll. Borg.* Italie.

1611. — Bacchus et Ariane dans un char traîné par des panthères, accompagné de Pan, de Ménades, de Satyres et d'Amours ; frise d'un couvercle de sarcophage.

292 et 313. — Travaux d'Hercule : l'Amazone Hippolyte, les chevaux de Diomède, le triple Géryon, le lion de Némée, l'hydre de Lerne, le sanglier d'Érymanthe, la biche de Cérynée ; fragments d'un sarcophage. *Coll. Borg.* Italie.

3216. — Hercule et la biche de Cérynée ; fragment de sarcophage. *Legs J. Maciet, transmis par l'Union des Arts décoratifs.* Italie.

1601 et 3217. — Chasseur armé d'un épieu combattant un sanglier, chien attaquant une panthère ; fragment de la base d'un grand sarcophage représentant les travaux d'Hercule. *Coll. Borg.* Italie.

1536. — Génies soutenant des guirlandes ; masques de théâtre ; au centre, buste de la défunte dans un médaillon sous lequel est représentée Ariane endormie ; devant de sarcophage. *Coll. Borg.* Italie.

1368. — Ulysse, Achille et un personnage jouant de la trompette ; fragment de sarcophage relatif à la légende d'Achille à Scyros.

267. — Jugement de Pâris ; fragment de sarcophage. *Coll. Albani*. Italie.

3218. — Colonne en marbre rouge.

348. — Bacchus et les Génies des quatre Saisons ; devant de sarcophage. *Coll. Borg*. Italie.

1040. — Triomphe de Bacchus sur les Indiens ; devant de sarcophage. *Coll. Borg*. Italie.

592. — Deux jeunes filles tenant un instrument de musique ; fragment d'un sarcophage relatif à la légende de Phèdre et Hippolyte. *Coll. Borg*. Italie.

973. — Achille assis, entouré de plusieurs héros ; fragment d'un devant de sarcophage. *Coll. Borg*. Italie.

407. — Bacchus combattant les Indiens ; devant de sarcophage. *Coll. Borg*. Italie.

261. — Grecs et Amazones ; bas-relief composé de plusieurs fragments étrangers l'un à l'autre. *Coll. Borg*. Italie.

3219. — Colonne en marbre cipollin.

347. — Trois scènes se rapportant à la légende d'Adonis : le départ pour la chasse, l'accident, la mort d'Adonis ; devant de sarcophage. *Coll. Borg*. Italie.

396. — Néréides et Centaures marins ; au centre, buste de la défunte dans une coquille ; devant de sarcophage. *Coll. Borg*. Italie.

537. — Deux guerriers casqués combattant ; fragment d'un sarcophage relatif à la légende des Leucippides. *Coll. Borg*. Rome.

284. — Transport du raisin et foulage du vin par des Satyres ; grande frise d'un couvercle de sarcophage représentant des scènes relatives aux travaux de la vendange ; aux angles deux masques de barbares. *Coll. du Roi*.

1569. — Grand masque de Satyre ; angle d'un couvercle de sarcophage. *Coll. Camp*. Italie.

3220. — Colonne en marbre rouge.

3221. — Sarcophage gréco-punique : sur le couvercle, prêtre en habits sacerdotaux, étendant la main droite levée. *Fouilles du P. Delattre ; offert suivant décision du Gouvernement du Protectorat*. **Carthage**.

1578 et 1580. — Deux masques de Satyres ; angles de couvercles de sarcophages.

1581. — Masque de barbare, de profil ; angle d'un couvercle de sarcophage.

1585. — Satyre vendangeur et masque ; angle d'un couvercle de sarcophage.

1582. — Enfant, guirlandes et masques ; fragment d'un couvercle de sarcophage (?).

659. — Sarcophage de M. Cornelius Statius, orné de bas-reliefs représentant l'éducation d'un enfant. *Coll. Camp*. **Italie**.

1563 et 1564. — Deux masques de barbares, de profil ; angles d'un couvercle de sarcophage.

1593. — Amour ailé avec un flambeau ; fragment d'un couvercle de sarcophage.

1559. — Enfant nu, tenant une grappe de fruits ; à côté de lui, un pan de draperie flottante ; fragment de sarcophage (?).

1595. — Enfants bachiques ; fragments de sarcophage (?).

3222. — Couvercle de sarcophage en forme de toit imbriqué, orné de masques, avec un cartel portant l'inscription de Cocceia Severa.

3223. — Couvercle de sarcophage orné d'une tige de lierre.

———

Le visiteur reviendra sur ses pas par les galeries Mollien et Daru et arrivera aux :

XXIX. — IIe ET IIIe PALIERS DE L'ESCALIER DARU

Les IIe et IIIe paliers de l'escalier Daru, ainsi que la partie centrale, sont en grande partie occupés, à titre temporaire, par des moulages des sculptures découvertes à Delphes et à Délos par l'École française d'Athènes.

Sur le IIIe palier :

2361. — Femme drapée, restaurée en Thalie. *Façade du Palais des Tuileries*.

2363. -- Dame romaine, drapée et voilée dans la pose dite de la Pudicité. *Coll. du cardinal Mazarin (?)*.

2364. — Dame romaine, drapée et diadémée, en Junon.

2366. — Femme drapée, restaurée en Muse. *Façade du Palais des Tuileries*.

XXX. — PARTIE CENTRALE DE L'ESCALIER DARU

2369. — Victoire, debout, dans l'attitude de la marche, sur l'avant d'une galère ; admirable statue, dite Victoire de Samothrace. Une monnaie de Démétrius Poliorcète, frappée en l'an 306 av. J.-C. (voy. dans une vitrine sous l'escalier Daru un exemplaire et des moulages de monnaies du même type données par MM. Bapst et Falize) représente une Victoire semblable tenant un trophée de la main gauche et, de la main droite, une trompette. *Découverte en 1863 par M. Ch. Champoiseau, consul de France, la Victoire, dont la tête manque malheureusement, arriva en France en morceaux. Le torse seul fut d'abord recomposé à l'aide de cent dix-huit fragments et exposé dans la salle des Caryatides. En 1883, M. Champoiseau rapporta l'avant de galère en marbre qui forme le piédestal. La statue fut alors complétée par l'adjonction de l'aile gauche et du sein droit (la moitié gauche de la poitrine et l'aile droite sont en plâtre). Elle fut ensuite placée en haut du grand escalier.* Ile de **Samothrace.**

Le visiteur trouvera, sur le palier, à droite de la Victoire de Samothrace, l'entrée de la :

XXXI. — SALLE PERCIER ET FONTAINE

(SALLE DE VENTE DES PHOTOGRAPHIES)

Dans les niches des murs des extrémités
et dans l'embrasure des fenêtres :

790. — Lécythe funéraire orné de deux figures : un homme debout, Kallias, donnant la main à une femme assise, Aristagora. **Athènes.**

788. — Lécythe funéraire orné de trois figures : une femme assise, Kallynthis, de profil à gauche, entre deux hommes debout, Sostratos, qui lui donne la main, et Sostratidès. *Envoi de Fauvel; Coll. Choiseul.* **Athènes.**

787. — Lécythe funéraire orné de trois figures : une femme assise, Kallynthis, de profil à droite, entre deux hommes debout, Sostratos, qui lui donne la main, et Sostratidès. *Envoi de Fauvel; Coll. Choiseul.* **Athènes.**

791. — Lécythe funéraire orné de deux figures : un homme debout, Lampon, donnant la main à une femme assise, Kallistra. Ile de Lemnos.

789. — Lécythe funéraire orné de quatre figures : Antiphon, Antias tenant son cheval et donnant la main à une femme assise, et un serviteur tenant un bouclier. *Envoi de Fauvel; Coll. Choiseul.* Plaine de Marathon (?).

3403. — Lécythe funéraire orné de quatre personnages : homme et femme debout se donnant la main, entre eux un enfant, à gauche un second homme drapé. Athènes.

3115. — Lécythe funéraire orné de trois figures et richement décoré : Killaron assise, défaillante, soutenue par deux autres femmes. Athènes.

3116. — Loutrophore funéraire ornée de trois figures : Euthyklès, en tunique courte, debout devant son cheval, prenant congé de ses parents, Archippos, debout drapé, et Ktésilla assise. Le Pirée.

3117. — Loutrophore magnifiquement décorée, avec sa base circulaire portant le nom d'Euthykratès, fils d'Euthyklès, du dème de Lamptra. Athènes.

Revenant ensuite à gauche de la Victoire, le visiteur pénétrera dans la :

XXXII. — ROTONDE DEVANT LA GALERIE D'APOLLON

Au centre :

2389. — Grand cratère orné de masques de théâtre, de têtes de Ménades et de thyrses bachiques ; copie de l'antique exécutée par le sculpteur Giacomo Raggi. *Original en basalte au Musée du Vatican* (1).

Autour de la salle :

2405, 2406, 3224 et 3404. — Quatre colonnettes en marbre blanc, avec chapiteaux corinthiens. *Église Saint-Sulpice,*

2395. — Femme drapée, restaurée en Muse.

2396, 2398, 2409 et 2411. — Quatre grandes colonnes en granit gris. *Église Saint-Martin-lès-Autun.*

2404. — Femme drapée, les bras cachés sous son manteau.

2407. — Éphèbe nu, au repos, le pied gauche sur un rocher, sa draperie posée sur un tronc d'arbre derrière lui. *Coll. Borg.*

2408. — Éphèbe au repos, semblable au précédent.

2390. — Cratère orné de masques posés sur une nébride ; copie de l'antique exécutée par le sculpteur Lange. *Original autrefois au Palais Lante à Rome.*

Le visiteur, après avoir traversé la salle des Bijoux antiques et la salle des Sept Cheminées, entrera dans la :

XXXIII. — SALLE DE CLARAC

La salle de Clarac renferme la majeure partie de la collection des petits marbres qui ne peuvent être exposés hors vitrines et dont le visiteur a déjà trouvé un choix dans les vitrines de la salle Grecque et de la salle du Héros combattant.

Vitrine A :

2247. — Esculape à demi drapé ; statuette dont la tête et le buste sont modernes.

---

(1) Le pavé en mosaïque, représentant des chars attelés de divers animaux, a été exécuté par Belloni.

147. — Bacchus avec sa panthère; statuette.

3405. — Tête de femme, de beau style. **Sélinonte.**

2415. — Banquet sacré : héros à demi nu, couché, femme assise et trois adorants; petit bas-relief votif très fruste.

3107. — Petite tête d'homme, la chevelure ceinte d'une bandelette. **Athènes.**

2418. — Fragment d'un bas-relief votif : homme et femme drapés dans l'attitude de l'adoration. *Coll. Sartiges.* **Athènes.**

3406. — Petite base en albâtre décorée d'une guirlande. *Coll. Sartiges.* **Grèce.**

2436. — Victoire ailée, drapée, sortant d'un fleuron.

2438. — Aiguille triangulaire, ornée sur une de ses faces d'une figure d'enfant nu tenant un pedum. **Athènes.**

2416. — Banquet sacré : héros à demi nu, couché, tenant un rhyton ; à ses pieds, femme assise tenant un coffret ; famille offrant en sacrifice un porc, et un grand cratère. **Grèce.**

Embrasure de la fenêtre :

2440. — Diane d'Éphèse ; sur la poitrine, deux Victoires et un crabe ; sur les bras, restes de deux lionceaux ; torse d'une statuette. *Coll. Camp.*

2441. — Diane d'Éphèse ; sur la poitrine, deux Victoires et un crabe ; sur la gaîne, avant-corps d'animaux et deux figures ailées ; statuette ; la tête manque.

2442. — Diane d'Éphèse ; fragment de la gaîne d'une statuette ornée d'avant-corps de lions, d'une abeille, d'une rosace et de deux figures ailées. *Coll. Camp.*

2443. — Cybèle, drapée et coiffée du polos, assise, avec un lion à ses côtés; statuette. *Fouilles du colonel marquis de Vassoigne; Don du comte de Nieuwerkerque.* **Temple de la Mère des dieux du Pirée.**

2444. — Cybèle, assise, avec un lion sur les genoux, tenant un tambourin; statuette ; la tête manque.

2445. — Femme drapée, assise ; la tête et les bras manquent. *Coll. Braschi.*

2446. — Cybèle, drapée et coiffée du polos, debout entre deux lions, tenant un tambourin et une patère, sous un édicule à fronton ; bas-relief. Ile de Calymnos.

2447. — Cybèle assise ; statuette ; la tête et les bras manquent.

Vitrine B :

2448. — Tête de femme, ceinte d'une bandelette, très mutilée. Ile de Thasos.

2449. — Tête de femme, aux longs cheveux encadrant le visage. Ile de Thasos.

2450. — Tête d'enfant, détachée d'un haut-relief. *Don S. Reinach.* Ile de Thasos.

2451. — Fragment d'un buste d'enfant, la tête légèrement tournée à gauche. Ile de Thasos.

2452. — Tête d'adolescent, la chevelure ceinte d'une bandelette. *Don S. Reinach.* Astypalée.

2453. — Tête de jeune fille, aux cheveux bouclés ; sur la nuque, main d'un autre personnage. *Don S. Reinach.* Halicarnasse.

2454. — Tête d'un Romain barbu, très endommagée.

2455. — Tête de femme, les cheveux relevés.

2456. — Tête de jeune Satyre, la chevelure ceinte d'une bandelette.

2457. — Esculape ; tête mutilée.

2458. — Tête d'homme barbu. *Coll. Sartiges.* Athènes.

2460. — Tête de jeune homme, aux cheveux courts ceints d'une bandelette. *Don Despréaux de Saint-Sauveur, consul de France.* Macédoine.

2461. — Groupe de deux femmes drapées : la première tient un canard de la main gauche avancée ; la seconde, placée sur une petite base, s'appuie sur l'épaule de sa compagne ; les têtes manquent. *Coll. du Roi ; Palais des Tuileries.*

2464. — La Fortune, drapée, assise, tenant une corne d'abondance sur le bras gauche ; statuette.

2846. — Jeune homme debout, nu, appuyé sur un cippe, une draperie sur l'épaule et le bras gauches. Syrie.

2705. — Personnage drapé, les pieds nus, tenant dans la main gauche une guirlande; statuette; la tête manque.

2697. — Fragment d'une inscription latine contenant une liste de noms.

2461. — Oscillum, de forme ronde, décoré d'un côté d'une tête de Satyre et d'une tête de Silène, de l'autre d'un dauphin au milieu des flots. *Coll. Durand.*

2463. — Fragment d'un oscillum, décoré sur l'une des faces d'un masque de Satyre et sur l'autre d'un griffon ailé.

2459. — Tête d'adolescent ; le sommet du crâne, taillé à part, manque. *Don S. Reinach.* Ile de Cos.

2466. — Epitaphe du jeune Victor, surmontée de son buste et de l'image d'un cheval de course vainqueur. **Rome.**

2473. — Bacchante drapée, tenant un thyrse ; fragment de bas-relief avec encadrement. *Coll. du baron Gros.*

2507. — Petite stèle portant une inscription grecque votive aux Cabires. *Don S. Reinach et Sorlin-Dorigny.* Ile d'Imbros.

2643. — Hercule nu, la peau de lion nouée autour du cou, enlevant Iole. *Coll. Camp.*

Vitrine plate devant la fenêtre :

3225. — Moules d'orfèvrerie en pierre verdâtre. **Tortose.**

3226. — Moules analogues pour orfèvrerie ou pour bijoux. **Égypte.**

3227. — Fragments de moules à bijoux. *Don P. Gaudin.* **Région de Smyrne.**

2738. — Moule à bijoux, en basalte, représentant divers ornements : masque, oiseaux et poissons. *Coll. Rousset Bey.*

2739. — Moule analogue en basalte : masques, amphore, grappe de raisin, etc. *Coll. Rousset Bey.*

2740. — Moule à médailles, en pierre blanche, représentant l'Abondance avec ses attributs. *Coll. Camp.*

2741. — Moule analogue. *Coll. Camp.*

2474. — Poids en forme de sphére aplatie, avec le nom de Q. Junius Rusticus, préfet de Rome en 163. *Coll. Durand.*

2475 à 2502. — Poids analogues en **pierre** de différentes grandeurs. *Coll. Camp.*

2503 et 2504. — Poids analogues. *Mission V. Waille; Envoi du Ministère de l'Instruction publique.* **Cherchel.**

3228. — Petits poids analogues. *Don P. Gaudin.* **Région de Smyrne.**

2576. — Poids en forme de double sein, en marbre blanc. **Archipel des Sporades.**

Vitrine C :

2513. — Bacchus barbu, le front ceint d'un bandeau plat ; tête. **Italie.**

2515. — Tête de jeune Satyre, de trois quarts à droite, provenant d'un haut relief. *Coll. Gréau.* **Éphèse.**

3229. — Vase votif orné d'un relief : personnage à demi couché devant une table chargée de mets et personnage apportant une offrande. **Athènes.**

2520. — Tête de femme, la chevelure relevée en tresses. **Athènes.**

2521. — Diane, la chevelure nouée en chignon très élevé ; tête. **Grèce.**

2522. — Hercule barbu ; petite tête ; le nez manque.

2525. — Fragment d'une statuette de jeune homme à demi drapé. *Don Villot.*

3230. — Mercure barbu ; couronnement d'un petit hermès de style archaïsant. *Mission S. de Ricci.* **Égypte.**

2523. — Fragment d'une petite statuette d'enfant nu. *Don Villot.*

2526. — Tête d'éphèbe, aux cheveux bouclés, provenant d'un haut relief.

2528. — Petite tête de jeune fille, les cheveux noués en chignon très élevé.

2529. — Petite tête de femme.

2530. — Hercule jeune ; petite tête. *Don Villot.*

2531. — Très petite tête d'homme barbu. *Don Villot.*

2532. — Petite tête de jeune fille. *Don Villot.*

2533. — Petite tête de femme.

2534. — Tête de bélier, provenant de la décoration d'un grand vase. **Ile de Crète.**

2535. — Petite tête d'homme barbu, la chevelure ceinte d'une torsade.

2536 à 2538. — Trois petites têtes de femmes. *Don Villot.*

2539. — Vénus, la main droite ramenée sur le sein; deux longues boucles tombent sur chaque épaule; fragment d'une petite statuette. *Don Villot.*

3231. — Petite tête d'homme imberbe, diadémée : Eumène I (?). **Environs de Pergame.**

2540. — Bacchus nu; le bras droit était levé; fragment d'une statuette. *Coll. Camp.*

2541. — Buste de femme en marbre jaune; le revers est plat.

2544. — Tête de femme diadémée. *Don Parent.*

2547. — Vénus nue; fragment d'une statuette. *Coll. Camp.*

2548. — Jeune fille couchée sur un rocher, tenant une couronne; un génie ailé, étendant sa draperie, est debout à ses pieds; bas-relief portant des traces de peinture. **Locride (Grèce).**

2549. — Fragment d'un bas-relief, avec les restes d'un homme nu couché. *Mission Heuzey et Daumet.* **Macédoine.**

2550. — Femme drapée, assise, tenant un serpent sur ses genoux. *Mission Heuzey et Daumet.* **Macédoine.**

Thrace.

3232. — Triple Hécate coiffée du polos, debout entre deux autels; petit bas-relief votif.

3233. — Femme drapée et voilée, faisant une libation sur un autel ; petit bas-relief votif.

3234. — Cavalier au galop, armé d'un épieu ; petit bas-relief votif avec traces de couleur.

3235. — Cavalier au galop ; entre les jambes du cheval un lion ; bas-relief votif avec restes d'une inscription grecque.

3236. — Cavalier au repos ; dans le champ, un quadrupède, un autel et une femme debout drapée ; bas-relief votif.

3237. — Cavalier au galop ; devant un arbre autour duquel s'enroule un serpent ; ex-voto de Stéphanos.

3238. — Cavalier au galop ; petit bas-relief votif.

3239. — Hercule armé de la massue et Bacchus accompagné d'une panthère ; bas-relief votif consacré par Dionysos.

3240. — Buste d'homme imberbe, drapé, voilé et casqué, accompagné d'une lance et d'un bouclier. *Don A. Degrand, consul de France.*

3407. — Cavalier galopant à droite, tenant une biche que mordent deux chiens ; relief découpé à jour, consacré par Aulouselmès.

3241. — Diane chasseresse, armée de l'arc, debout entre deux cerfs ; ex-voto de travail très grossier. *Don P. Perdrizet.* **Orman.**

Vitrine D :

2561. — Vénus pudique ; torse d'une statuette. **Sidon.**

2562. — Jeune homme nu, debout, la jambe gauche avancée ; statuette ; la tête et les bras manquent. *Don Ch. Timbal.*

2563. — Vénus pudique ; torse d'une statuette. **Sidon.**

2564. — Bacchus, la chevelure ornée d'une branche de lierre ; tête adossée à un pilastre. *Coll. Pouqueville, consul de France.* **Grèce.**

2565. — Bacchus barbu, la chevelure chargée de feuillage ; tête à revers plat ; imitation du style archaïque.

2566. — Buste de femme ; fragment de relief.

2568. — Esculape, debout, drapé, la poitrine nue ; statuette. **Philomélium (Phrygie).**

2571. — La Fortune drapée, tenant une corne d'abondance ; statuette. **Archipel des Sporades.**

2570. — Bacchus barbu et Ariane ; double tête ; couronnement d'un hermès. *Don H. Révoil.* **Environs de Nîmes.**

2572. — Mercure et Hestia ; double tête. *Coll. Camp.*

3242. — Têtes adossées de philosophes barbus; couronnement d'un petit hermès double. *Mission S. de Ricci.* Égypte.

2573. — Tête joufflue, grimaçante, très mutilée. *Don S. Reinach.* Ile de Cos.

2574. — Torse de femme drapée; fragment d'une statuette.

3243. — Femme drapée tenant une patère; statuette; la tête et les bras manquent. *Mission S. de Ricci.* Égypte.

3244. — Petite tête d'Alexandre. *Mission S. de Ricci.* Égypte.

3245. — Vénus; petite tête. *Mission S. de Ricci.* Égypte.

3246. — Tête de femme diadémée. *Mission Clermont-Ganneau.*

2567. — Vénus à demi drapée, s'accoudant sur une colonne; statuette; la tête et un bras manquent.

2569. — Vénus à demi drapée, s'appuyant sur un cippe; statuette; la tête manque.

2575. — Tête d'un jeune taureau. Ile de Cos.

2573. — Femme drapée et voilée; fragment de bas-relief. Tarente.

2675. — Griffe de lion en granit provenant d'un meuble.

3247. — Modèles de casques avec ornements incisés. Égypte.

Vitrine E :

2581. — Petit torse d'homme nu, la chlamyde attachée sur l'épaule droite. Smyrne.

2582. — Buste d'un jeune Romain.

2583. — Vénus pudique; statuette; la tête et les pieds manquent.

2584. — Hercule barbu, coiffé de la peau de lion; tête.

2585. — Petit torse d'homme nu; la chlamyde attachée sur l'épaule droite retombait en arrière.

2586. — Buste d'enfant riant, un pan de draperie sur l'épaule droite.

2587. — Hercule, la main droite derrière le dos, dans la pose de l'Hercule Farnèse; torse.

2588. — Triple Hécate, coiffée du polos ; statuette en forme d'hermès. **Ile de Crète.**

2589. — Triple Hécate ; têtes d'une statuette en forme d'hermès, avec traces de couleur. *Rapporté par Le Bas ; Coll. Gréau.* **Athènes.**

3248. — Triple Hécate ; têtes d'une statuette en forme d'hermès. *Don P. Gaudin.* **Smyrne.**

2590. — Sérapis, coiffé du modius ; buste en basalte. *Coll. Rousset Bey.*

2591. — Sérapis ; le modius manque ; buste. **Environs du Caire.**

2592. — Sérapis ; le modius manque ; buste en basalte. *Coll. Lurand.*

2593. — Triple Hécate, drapée et diadémée, les têtes de face. *Mission G. Perrot.* **Ancyre.**

2594. — Triple Hécate ; les trois figures, drapées et coiffées du polos, tenant les attributs traditionnels, sont adossées à une colonne centrale. *Coll. Sabatier.*

3249. — Triple tête de femme, celle du milieu surmontée du croissant, les deux autres tourelées ; fragment d'une statuette. *Don P. Gaudin.* **Sardes.**

2596. — Vénus pudique ; torse d'une statuette. *Don J.-A. Durighello.* **Beyrouth.**

2599. — Cybèle, drapée et coiffée du polos, tenant la patère et le tambourin, un lionceau couché sur les genoux, assise sous un édicule à fronton.

2600. — Cybèle, drapée et coiffée du polos, tenant la patère et le tambourin, un lionceau couché sur les genoux, assise sous un édicule à fronton. *Coll. Sartiges.* **Athènes.**

2601. — Cybèle drapée, assise, avec les restes d'un lion à ses côtés ; fragment d'une statuette. *Coll. Sartiges.* **Athènes.**

2602. — Cybèle, drapée et coiffée du polos, tenant la patère tle tambourin, un lionceau couché sur les genoux, assise sous un édicule à fronton, sur les pilastres duquel sont représentés un jeune homme et une jeune fille. **Le Pirée.**

3250. — Esculape à demi drapé ; statuette. **Rome.**

3251. — Déesse assise, les pieds sur un tabouret ; statuette. **Astakos (Acarnanie)**.

2603. — Cybèle drapée, assise sous un édicule, tenant la patère et le tambourin, un lionceau couché sur les genoux. *Coll. Gréau*. **Asie-Mineure**.

2604. — Cybèle drapée et coiffée du polos, assise, tenant le tambourin, un lionceau couché sur les genoux. **Baalbeck (?)**.

2605. — Cybèle, drapée et coiffée du polos, assise, tenant la patère, un lionceau couché sur les genoux. *Coll. Durand*.

2606. — Femme drapée, de travail sommaire ; statuette ; la tête manque.

3252. — Vénus ; tête, avec la main gauche dans la chevelure.

3253. — Esculape à demi drapé ; statuette. **Rome**.

2608. — Tête du Soleil, coiffée d'un diadème orné de sept rayons. **Amisus (Pont)**.

2610. — Jupiter assis, à demi drapé, le torse nu ; statuette. **Lyon**.

2612. — Vénus ; tête d'une statuette qui portait sur l'épaule gauche un Amour, dont les ailes subsistent attenant à la chevelure. **Salonique**.

2613. — Hercule barbu ; tête de beau style.

2615. — Vénus, une draperie enroulée autour des jambes ; fragment d'une statuette. *Coll. Sartiges*. **Athènes**.

2616. — Petite tête de femme. *Coll. Rousset Bey*.

2617. — Petit torse d'enfant nu. **Sidon**.

3254. — Petite tête imberbe diadémée. *Mission S. de Ricci*. **Égypte**.

2618. — Petite tête de femme.

2619. — Tête et cou d'un serpent.

2620. — Petit terme surmonté d'une tête barbue. *Coll. Sartiges*. **Athènes**.

2621. — Vénus, une draperie enroulée autour des jambes ; fragment d'une statuette. *Cession du Musée de Cluny*. **Département du Nord**.

2622. — Tête de déesse, coiffée du polos, de beau style.

2623. — Jupiter Sérapis; tête; sur le sommet, traces du modius.

2625. — Vénus, une draperie enroulée autour des jambes; fragment d'une statuette en albâtre. *Coll. Sartiges.* **Athènes.**

2626. — Vénus; la draperie retenue en avant tombe des deux côtés de la jambe gauche; fragment d'une statuette. *Coll. Sartiges.* **Athènes.**

2627. — Tête du Minotaure; fragment d'une statuette. *Coll. du baron Gros.*

2628. — Petit buste bachique, couronné de feuillage. **Rome.**

2633. — Angle d'une base rectangulaire, ornée sur deux de ses faces de bas-reliefs bachiques.

2634. — Vénus drapée, s'appuyant de la main gauche sur un tronc d'arbre; un Amour nu, dont les jambes subsistent, était placé sur son épaule gauche; la tête et le bras droit manquent. **Salonique.**

3255. — Vénus, une draperie autour des jambes; partie inférieure d'une statuette. *Don d'un anonyme en souvenir de M. A. Barrigue de Fontainieu.* **Pompéi (?).**

3256. — Femme drapée, le sein gauche à découvert; statuette. *Mission S. de Ricci.* **Égypte.**

3257. — Bacchus barbu; tête; imitation du style archaïque. **Cyzique.**

3258. — Homme et femme, assistés d'un serviteur, près d'un autel, offrant un porc en sacrifice; bas-relief votif.

3408. — Vénus pudique; torse d'une statuette. *Don G. Clémenceau.*

3259. — Vénus drapée; statuette; sur son épaule **gauche**, un Amour, les jambes pendantes. **Homs,** anc. **Émèse.**

3409. — Vénus, les jambes entourées d'une draperie, soutenant par l'aile un Amour debout à sa gauche; statuette en albâtre. **Égypte.**

2636. — Serpent, s'échappant d'une ciste, et canthare; fragment de bas-relief. *Coll. du baron Gros.*

2638. — Hercule nu; **torse** de beau style.

2639. — Homme assis, à demi nu, une draperie sur les cuisses; fragment d'une statuette.

2629. — Bacchus, à demi nu, aux formes efféminées, s'appuyant nonchalamment sur un jeune Satyre qu'il serre contre lui; fragment d'un groupe.

2630. — Fragment d'un groupe bachique : jambes d'un personnage de part et d'autre d'un bouc couché.

2632. — Victoire drapée, en marche; la tête, les avant-bras et l'extrémité des jambes manquent.

2637. — Personnage accroupi, en costume barbare, tenant entre ses mains un animal dont la tête manque. *Coll. Camp.*

2635. — Pluton assis, à demi drapé, le torse nu, avec les restes d'un chien à ses côtés; statuette; la tête et les bras manquent.

2640. — Stèle votive à Jupiter Panamaros; une cavité, fermée par une porte mobile, renfermait une chevelure consacrée au dieu (voy. le n° 2931, salle de Milet). *Fouilles de Cousin et Deschamps; Don de l'École française d'Athènes.* **Temple de Zeus Panamaros, Environs de Stratonicée (Carie).**

3260. — Pied gauche colossal; fragment d'une statue. **Menshyeh (Haute-Égypte).**

Sur la cheminée :

2641 et 2645. — Deux petits candélabres, terminés en torchères ; la base carrée est ornée de guirlandes.

Vitrine F :

2646. — Petit buste d'Antinoüs, aux cheveux bouclés.

2647. — Buste d'un empereur du IVe siècle, la tête en marbre noir, la draperie en marbre de couleur.

2648. — Petit buste d'un Romain barbu.

2649. — Petit buste d'une princesse de l'époque de Trajan. **Rome.**

2650. — Tête de jeune fille, une bandelette passée dans les cheveux.

2651. — Buste de jeune homme, enté sur un fleuron.

2652. — Apollon, la main droite posée sur la tête; tête.

2653. — Ariane, la chevelure ondulée ceinte d'une bande-lette; tête en hermès; les yeux creux étaient incrustés. *Coll. Camp.*

2654. — Vénus, les cheveux noués sur le sommet de la tête; tête.

2655. — Tête du Soleil, les cheveux disposés en courtes mèches; traces de six rayons en métal.

2656. — Bacchus barbu, diadémé; tête en hermès; les yeux étaient incrustés; imitation du style archaïque.

2657. — Tête de femme, un bandeau sur le front, portant des traces de couleur; le revers est plat.

3261. — Tête d'homme imberbe, diadémée. **Minieh (Égypte)**.

2661. — Pan; petit buste en hermès.

2662. — Buste d'un jeune homme imberbe, la tête tournée vers la droite, avec une abondante chevelure tombant sur les épaules.

2663. — Satyre, vêtu de la nébride; buste en marbre jaune; les yeux sont incrustés en couleur. **Rome**.

2664. — Tête d'un Romain imberbe, aux cheveux courts, les yeux incrustés en plusieurs couleurs. *Coll. Rousset Bey.*

2665. — Pan, couronné de lierre; tête en marbre jaune; les yeux sont incrustés en couleur. **Rome**.

2658. — Bacchus barbu, la chevelure couronnée d'un diadème orné de palmettes; tête; imitation du style archaïque. **Le Pirée**.

2659. — Hercule barbu, couronné de feuillage; tête en marbre jaune; les yeux étaient incrustés en couleur. *Don du chevalier Martel.* **Italie**.

2666. — Tête d'un Romain, à barbe courte. **Athènes**.

2667. — Jeune Satyre, couronné de lierre; buste.

2668. — Bacchus couronné de pampres; tête.

2669. — Bacchus couronné de pampres, la main droite posée sur la tête; tête. **Tyr**.

2728. — Sérapis; petit buste en serpentine noire. *Don Jollivet.* **Égypte**.

2729. — Harpocrate; partie supérieure d'une statuette en basalte. *Coll. Durand.* **Égypte.**

2736. — Empereur romain cuirassé; fragment d'une statuette en serpentine; la tête manque. *Coll. Lhôte.* **Égypte.**

3262. — Mercure, le front ceint d'un diadème, deux petites ailes dans la chevelure; tête.

3263. — Bacchus couronné de pampres; buste; le revers est plat.

2670. — Fragment d'un pied droit. *Coll. Rousset Bey.*

2672. — **Vénus** pudique, retenant sa draperie de la main gauche; fragment d'une statuette. *Coll. Rousset Bey.*

2673. — Vénus pudique; fragment d'une statuette. *Don Villot.* **Athènes.**

2674. — Esculape, Hygie et le nain Télesphore; fragment d'un petit bas-relief. *Coll. Gréau.*

2676. — Vénus pudique; fragment d'une petite statuette.

2677. — Petite tête d'un Romain barbu. *Coll. Gréau.*

2678. — Vénus, les oreilles percées pour recevoir des ornements de métal; tête; les yeux étaient incrustés.

2679. — Cybèle drapée, tenant une patère, debout dans une grotte, entre deux personnages plus petits; petit bas-relief votif. *Rapporté par Le Bas; Coll. Gréau.* **Grèce.**

2680. — Satyre; petite tête en marbre rouge. *Coll. Gréau.*

3264. — Vénus; torse d'une petite statuette en pierre dure noire.

3265. — Petite base avec un pied droit et une draperie; en avant, inscription terminée par les sept voyelles grecques; oracle d'Abonothicos. **Antioche.**

2694. — Chariot portant une outre sur laquelle est assis le vieux Silène; par derrière, un homme debout, tirant le col de l'outre, et un arbre chargé d'emblèmes bachiques; bas-relief hellénistique. *Coll. Jolly de Bammeville.*

2701. — Vénus, drapée et voilée, assise sur un bouc; dans le champ, deux chevreaux et un vase; bas-relief votif de forme circulaire. **Athènes.**

3266. — Tête de femme de beau style, fragment de haut-relief. *Don du comte Ch. de Mouy, ambassadeur de France.* **Athènes.**

3267. — Fragment d'une tête imberbe de profil, en bas-relief. *Don du comte Ch. de Mouy.* **Athènes.**

2699. — Personnage debout, à demi drapé ; statuette ; la tête et les bras manquent. *Coll. Sartiges.* **Athènes.**

2700. — Minerve casquée, de profil ; tête appliquée sur un médaillon ovale moderne. *Coll. Camp.*

2706. — Fragment d'une stèle à fronton, avec les noms de Lokrion et de Lysistratos, Corinthiens. *Don Miller.*

3268. — Femme drapée ; statuette ; la tête manque. *Don du comte Ch. de Mouy.* **Athènes.**

3269. — Petites idoles primitives en forme de violon. **Lebedos.**

Vitrine G :

2724. — Tête de femme diadémée, attenante à un fond ; fragment de haut relief. **Athènes.**

2725. — Femme drapée, assise de profil à droite ; fragment d'une stèle funéraire de beau style. *Coll. Rayet.* **Athènes.**

2727. — Esculape imberbe, appuyé sur un bâton ; statuette ; les parties drapées étaient d'une matière différente. **Tanagre.**

3410. — Ganymède enlevé par l'aigle ; statuette en albâtre, dont la tête, les bras et les jambes manquent. *Don du vicomte L. de Sartiges.*

2719. — Déméter et Koré ; double tête ; imitation du style archaïque.

3411. — Main tenant un faon ; fragment d'une réplique de l'Apollon de Kanakhos. **Grèce.**

2726. — Bacchus barbu ; tête de style archaïque ; la cheve-lure ceinte d'une bandelette tombe en longue masse sur les épaules ; la face est mutilée. *Acquis sur les arrérages du legs Sévène.* **Athènes.**

2722. — Fragment de pierre calcaire, orné d'une tête de jeune fille gravée au trait. *Envoi P. Girard.* **Ile de Samos.**

321. — Satyre ; fragment d'une figure provenant d'un groupe représentant Pan tirant une épine du pied d'un Satyre. *Coll. Camp.*

3412. — Fragment d'une tête d'Apollon ; réplique d'un original du vᵉ siècle avant J.-C. (voy. les nᵒˢ 692, dans la salle Grecque, et 884, dans la rotonde de Mars.)

Vitrine plate centrale :

2730. — Tête de femme joufflue, formant boîte, en serpentine ; les yeux étaient incrustés.

2731. — Tête d'enfant joufflu, formant une boîte analogue, en serpentine.

3270. — Amour ailé ; statuette en stéatite. *Mission S. deRicci.* Égypte.

2732. — Patère à libation, en serpentine, ornée de trois bustes : au centre un buste à tête d'épervier ; de part et d'autre, deux bustes de déesses ; travail égypto-grec.

2733. — Fragment d'une patère analogue, ornée de trois bustes : Sérapis entre deux déesses.

2734. — Fragment d'une patère analogue, ornée de deux bustes : Sérapis et Isis.

2735. — Fragment d'une patère analogue : Orphée, assis sur un rocher, jouant de la lyre ; devant lui un animal coiffé du pschent.

2737. — Manche en serpentine, terminé par une tête de chien.

2742. — Fragment de pierre dure, orné d'une intaille représentant la triple Hécate, drapée et coiffée du polos, debout sur un socle, accompagnée d'une inscription cabalistique.

.2743. — Petite amulette rectangulaire, en pierre dure, représentant un dieu à tête de serpent accompagné d'une inscription cabalistique. Grèce.

2745. — Hespérus ailé, coiffé du bonnet asiatique, une draperie sur les épaules ; fragment d'une statuette en pierre calcaire. *Coll. Rousset Bey.*

2746. — Extrémité d'un pied gauche, provenant d'une statuette en pierre calcaire.

3271. — Avant-pieds joints en marbre jaune; pièce rapportée d'une statuette. *Don P. Gaudin.* **Smyrne.**

3272. — Fragment d'un petit bas-relief représentant une femme assise, tenant une tablette et soulevant le couvercle d'un vase. **Minieh (Égypte).**

3273. — Petite grenouille. *Don P. Gaudin.* **Smyrne.**

2747. — Petit bouc en stuc, mutilé. *Don Léger.* **Tr. dans** le département de l'Indre.

2748 à 2750. — Trois cachets d'oculistes portant le nom de Q. Junius Taurus; l'un d'eux porte, en outre, celui de M. Claudius Martinus. *Coll. du baron Marchand, puis Coll. Grivaud de la Vincelle et Coll. Durand.* **Naix (Meuse).**

2751. — Cachet d'oculiste, portant le nom de M. Julius Felici nus. *Coll. Durand.* **Lillebonne (Seine-Inférieure).**

2752. — Cachet d'oculiste, sans nom de praticien. *Coll. Tôchon, puis Coll. Durand.* **Nîmes.**

3274. — Alabastre en albâtre, avec inscription grecque mentionnant le cinnamone du marchand Crinippos.

3275. — Pyxides rondes avec leurs couvercles et petit plateau rectangulaire en albâtre.

Le visiteur, revenant à la salle des Sept Cheminées, tournera à droite et trouvera des deux côtés de la porte dans la :

XXXIV. — SALLE LACAZE

2753. — Grand candélabre, terminé en torchère, la base triangulaire ornée de bucrânes. *Musée du Vatican.* **Rome.**

2754. — Grand candélabre, terminé en torchère, la base triangulaire décorée d'un taureau et des bustes du Soleil et de la Lune. *Coll. du cardinal Fesch.* **Rome.**

Le visiteur traversera la salle Lacaze, le palier de l'escalier Henri II, le vestibule de la salle des Bronzes antiques et les salles, y faisant suite, du département des Objets d'art et du département de la Peinture. Il trouvera sur le :

XXXV. — PALIER DE L'ESCALIER ASIATIQUE

A droite :

2755. — Fleuve à demi drapé, la tête couronnée de plantes marines, couché, tenant une rame. *Coll. Camp*

2756. — Silène couché ; une draperie passant sur l'épaule droite entoure la cuisse gauche. *Coll. Camp.*

2758. — Empereur romain, debout, cuirassé ; sur la cuirasse, deux Victoires de part et d'autre d'un candélabre ; à ses pieds, un tronc d'arbre.

2759. — Fleuve à demi nu ; la tête rapportée provient d'une statuette de Bacchus barbu de style archaïsant ; sur la base sont représentés divers animaux. *Coll. Camp.*

2760. — Fleuve à demi drapé, couché, tenant un aviron. *Coll. Camp.*

2761 et 2762. — Deux Silènes nus, couronnés de pampres, couchés, la tête sur une outre, se faisant pendant. *Coll. Camp.* Théâtre de Falerii.

Dans la niche de l'escalier :

2763. — Empereur romain, debout, vêtu de la cuirasse et du paludamentum ; sur la cuirasse, deux griffons affrontés ; à ses pieds, un tronc d'arbre.

Le visiteur descendra l'escalier, tournera à droite et, après avoir traversé la salle Phénicienne, parviendra à la salle de Milet.

Les salles de Milet et de Magnésie du Méandre sont réservées aux antiquités grecques et romaines trouvées en Asie-Mineure.

XXXVI. — SALLE DE MILET

Les fragments d'architecture du temple d'Apollon Didyméen, sauf quelques fragments secondaires, indiqués à part, ainsi que les statues et inscriptions de Milet, d'Héraclée du Latmos et des environs, proviennent des fouilles d'O. Rayet et A. Thomas et ont été donnés au Louvre en 1873 par MM. les barons Gustave et Edmond de Rothschild.

MILET

Temple d'Apollon Didyméen.

La construction du temple d'Apollon Didyméen, dont proviennent les sculptures ci-dessous décrites, fut commencée par Paeonios d'Éphèse et Daphnis de Milet en 333 av. J.-C. et poursuivie jusqu'au milieu du Ier siècle de notre ère, sans être jamais achevée. Il remplaçait un temple très ancien, détruit par les Perses au début du ve siècle, au culte duquel était attachée la célèbre famille sacerdotale des Branchides

Au milieu :

2764. — Base d'une colonne ionique de la façade du temple, décorée de palmettes, de feuilles d'eau et de rinceaux.

2765. — Base dodécagonale d'une colonne ionique de la façade du temple, décorée de douze compartiments ornés : Amour sur un monstre marin, rinceaux, feuillages et palmettes.

Sur les murs autour de la salle :

2766 et 2768. — Deux chapiteaux de pilastre avec palmette et enroulements.

2767. — Moulage d'un chapiteau de pilastre décoré de deux griffons affrontés de part et d'autre d'une palmette. *Original chez le baron Gustave de Rothschild.*

2769 à 2771. — Trois demi-chapiteaux de pilastre de retour d'angle, décorés de griffons.

2772 à 2777. — Six fragments du bandeau qui reliait entre eux les chapiteaux des pilastres, ornés de griffons affrontés de part et d'autre d'une lyre.

2778. — Fragment d'une corniche de l'intérieur du temple, ornée de perles, de rais de cœur et de palmettes.

2779. — Grand chapiteau orné de deux figures de femmes ailées se terminant en fleurons.

2780 à 2785. — Six fragments d'architecture, ornés d'oves et de palmettes. *Don A. Thomas.*

2786. — Fragment d'un vase en marbre, portant une inscription grecque votive à Apollon Didyméen, consacré par Sopolis, fils d'Antigonos.

Nécropole.

2787 à 2789. — Trois femmes assises, vêtues de la tunique et de l'himation, les mains posées sur les genoux; statues de style archaïque, dont les têtes manquent.

2790. — Lion colossal couché, de style archaïque.

Théâtre.

2791. — Jeune homme debout, nu, la chlamyde agrafée sur l'épaule droite et enroulée autour du bras gauche; la tête manque.

2792. — Torse colossal d'homme nu, de très beau style archaïque.

2793 à 2795. — Trois femmes drapées, ayant servi de caryatides; la tête et les bras, dont l'un était levé, manquent.

2796. — Femme drapée et voilée, la jambe droite légèrement rejetée en arrière; la tête manque.

2798. — Angle d'encadrement.

2797. — Bacchus jeune, debout, nu; torse : la tête, qui manque, était penchée à droite. **Ak-Keui, près Milet.**

Les inscriptions suivantes de Milet sont réunies dans l'embrasure de la première fenêtre donnant sur la rue de Rivoli :

Temple d'Apollon Didyméen.

2799. — Inscription grecque, avec le nom du prophète Philodémos, fils de Pamphilos, ornée de couronnes.

2800. — Inscription grecque, avec le nom du prophète Apollonios.

2801. — Inscription grecque en l'honneur du milésien Claudios Chionis, fils de Claudios Philostratos, prophète du temple de Didymes.

Scène du théâtre.

2802. — Inscription grecque : fragment d'un décret réglant le partage des chairs des victimes dans les sacrifices.

2803. — Inscription grecque relative aux modifications à apporter dans le cérémonial des fêtes d'Artémis Skiris.

2804. — Inscription grecque, avec le nom de l'archonte couronné Olympichos.

2805. — Inscription grecque, avec le nom de l'archonte couronné Épigonos.

2806. — Inscription grecque ; base de la statue de M. Aurelius Thélymitrès.

2807. — Inscription grecque en l'honneur du procurateur impérial Castrius Cinna.

2808. — Inscription grecque en l'honneur du procurateur impérial Aurelius Euphratès.

2809. — Inscription grecque, gravée sur un fragment de petite plaque rectangulaire qui porte en bas-relief un centaure au galop.

2810. — Inscription grecque ; stèle d'Abascantos.

2811. — Inscription grecque métrique, avec le nom d'Anténor, fils d'Évandridès.

2812. — Inscription grecque métrique.

2813 à 2815. — Fragments d'inscriptions grecques.

HÉRACLÉE DU LATMOS

2816. — Fragment de chéneau, orné d'une tête de lion, provenant du temple de Minerve. *Don A. Thomas*.

2817. — Petit autel de Jupiter Labraundos, orné d'une hache à double tranchant.

2818. — Autel carré, portant une inscription grecque en l'honneur d'Auguste.

2819. — Inscription grecque : lettre du proconsul Cn. Manlius aux habitants d'Héraclée pour les assurer de sa bienveillance.

2820. — Cadran solaire conique, avec cadran antiborée.

TEMPLE DE MINERVE POLIADE A PRIÈNE

Le temple d'Athéna Poliade, élevé vers le milieu du iv⁰ siècle av. J -C. sur les plans de Pythios, était considéré comme l'un des chefs-d'œuvre de l'architecture ionique.

Dans l'embrasure de la première fenêtre donnant sur la rue de Rivoli :

Don A. Thomas.

2821. — Fragment d'un chapiteau ionique colossal.

2822. — Fragment d'un chéneau avec tête de lion.

2823. — Fragment d'une moulure ornée d'oves.

TEMPLE D'ASSOS

Le temple d'Assos en Mysie, d'ordre dorique, construit en trachyte gris du pays, remonte sans doute au vi⁰ siècle av. J.- C. Les restes en furent reconnus pour la première fois par le comte de Choiseul-Gouffier. En 1838, le sultan Mahmoud II, grâce à l'intervention de Raoul Rochette, donna à la France un certain nombre de sculptures et un chapiteau provenant de ses ruines, qui furent rapportés à bord de la *Surprise*. De nouvelles fouilles, entreprises en 1881 par l'Institut américain d'Athènes, ont amené la découverte d'autres fragments qui sont conservés au Musée de Constantinople, pour la plupart, et à Boston. Le Louvre, outre le chapiteau, possède trois métopes et dix morceaux sculptés de la frise qui courait immédiatement au-dessus de la colonnade.

Sous la porte donnant accès à la salle
de Magnésie du Méandre :

2824. — Chapiteau dorique.

Sur les murs autour de la salle :

2825 à 2827. — Trois métopes représentant deux sphinx affrontés, un Centaure galopant à droite et un sanglier passant.

2828. — Hercule étreignant le dieu marin Triton, en présence des Néréides qui s'enfuient épouvantées.

2829. — Quatre personnages couchés et un serviteur ; scène de banquet, se rattachant peut-être à l'apothéose d'Hercule.

2830. — Trois Centaures au galop, le premier la tête retournée en arrière.

2831. — Trois Centaures galopant à droite.

2832. — Taureaux affrontés, luttant l'un contre l'autre.

2833. — Taureaux affrontés ; l'un des taureaux est brisé.

2834. — Lion accroupi et lion dévorant une biche.

2835. — Lion dévorant un cerf.

2836. — Lion dévorant un taureau.

2837. — Sphinx couché.

Dans l'embrasure de la fenêtre sur la rue de Rivoli :

2924. — Double chapiteau ionique. *Don du général Vosseur*. **Clazomène.**

2934. — Inscription grecque gravée sur deux des faces d'un bloc rectangulaire : lettre de Darius, fils d'Hystaspe, au satrape Gadatas. *Fouilles de Cousin et Deschamps; Don de l'École française d'Athènes.* **Deirmendjick, entre Tralles et Magnésie du Méandre.**

Les monuments suivants, bas-reliefs et inscriptions, ont été groupés méthodiquement d'après leur provenance dans les embrasures des fenêtres et dans celle de la porte donnant sur la cour du Louvre.

SYRIE, PALESTINE ET CAPPADOCE

Embrasure de la première fenêtre sur la cour :

2839. — Tête d'un Romain, portant une courte barbe frisée. **Syrie.**

2840. — Tête d'Hercule imberbe, la chevelure ceinte d'un bandeau. **Syrie.**

3276. — Vénus, avec une longue mèche de cheveux sur l'épaule gauche; torse. *Don Hoskier.* **Baalbeck.**

2843. — Épitaphe grecque de Marcellina. *Don de Saulcy.* **Antioche.**

Beyrouth.

3277. — Jeune homme debout, nu, les cheveux tombant en longues boucles sur les épaules; la tête, les bras et les pieds manquent.

2841. — Amour endormi, couché sur une peau de lion. *Don J.-A. Durighello.*

2844. — Monument funéraire d'Hermas, avec le portrait du défunt. *Don de Saulcy.*

3278. — Inscription grecque : dédicace à la Fortune et au Génie de la colonie de Berytus. *Anc. coll. Léon Renier; Don de la section des sciences historiques et philologiques de l'École pratique des Hautes Études.*

Tyr.

2842. — Hercule barbu, debout, drapé, appuyé sur sa massue; statuette de basse époque, en forme de terme, découpée dans un fragment d'architecture provenant d'un édifice plus ancien.

3279. — Partie inférieure d'une idole en forme de gaîne. *Don J. Farah.*

2845. — Inscription grecque votive en l'honneur de M. Aemilius Scaurus, lieutenant de Pompée. *Mission Renan.*

3280. — Marsyas suspendu à un tronc d'arbre ; statuette. **Environs de Banias.**

2847. — Fragment d'une inscription grecque relative à la protection des vignobles. *Don J. Farah.* **Djérasch.**

3281. — Inscription latine : dédicace de la première cohorte de la légion Xe Fretensis à l'empereur Hadrien ; de part et d'autre de l'encadrement, l'image de Neptune et celle de la Victoire. **Beisan, anc. Scythopolis.**

2848. — Épitaphe grecque de Stasikratès. *Don Sorlin-Dorigny.* **Césarée de Cappadoce.**

CYZIQUE

Embrasure de la deuxième fenêtre sur la cour :

2850. — Sacrifice à **Cybèle**; femme drapée, suivie d'un joueur de flûte et précédée d'un serviteur conduisant un bélier, devant un autel au pied d'un arbre sacré ; derrière l'autel une femme portant un plateau sur la tête ; fragment d'un bas-relief votif, avec inscription grecque consacrée par le prêtre Sotéridès. *Coll. Choiseul.*

2857. — Monument funéraire de Télesphoros ; banquet funèbre : homme drapé, couché devant une table ronde, et femme drapée et voilée, assise ; au-dessus, les bustes du défunt et de sa femme. *Coll. Choiseul.*

2858. — Stèle funéraire de Ménophila, fille d'Asclépiadès, banquet funèbre : homme à demi drapé, couché devant une table ronde, femme drapée et voilée assise, jeune homme debout et deux serviteurs. *Coll. de Behr, puis Coll. Gréau.*

2859. — Grande stèle portant un décret des habitants de Cyzique. *Coll. Grimani à Venise.*

Don W. H. Waddington.

2851. — Fragment d'un bas-relief votif, représentant le sacrifice d'un bélier : restes d'un personnage drapé, tenant une patère, et deux adorants; dédicace d'Apollonios.

2852. — Fragment de bas-relief de style très fruste : jeune chasseur et son chien; restes d'une inscription grecque.

2854. — Grand banquet funèbre d'Attalos, fils d'Asclépiodoros : homme drapé, couché sur un lit, tenant une patère où boit un serpent, devant une table ronde; femme drapée, assise, tenant un éventail; deux serviteurs, dont une jeune fille portant une ciste en forme d'édifice rond orné d'une colonnade; avant-corps d'un cheval; les têtes rapportées étaient en matière différente.

3282. — Fragment d'un monument funéraire : homme drapé assis et serviteur.

2855. — Banquet funèbre : deux hommes à demi drapés, couchés devant une table rectangulaire, femme drapée assise, deux serviteurs, un serpent enroulé autour d'un arbre et un cheval.

2856. — Fragment d'un banquet funèbre : homme à demi drapé, couché devant une table ronde, et serviteur; épitaphe de Démétrios, fils de Ménophanès.

Don Sorlin-Dorigny.

3283. — Banquet funèbre de Métrodoros : homme drapé, couché devant une table circulaire, homme debout drapé et femme assise.

3284. — Stèle funéraire d'Alexandros : femme drapée et voilée, assise; devant elle enfant drapé jouant avec un chien.

3285. — Stèle funéraire avec le nom de Meidias : homme debout, drapé, et femme assise se donnant la main.

3286. — Banquet funèbre d'Aquinius Pollianus Augustianus: homme drapé, couché devant une table circulaire.

3287. — Fragment d'une margelle de puits : Bacchus debout, nu, la tête chargée d'une énorme grappe de raisin, tenant de la main droite un thyrse, de la gauche un canthare ; à ses pieds une panthère.

3288. — Fragment d'un bas-relief représentant le Soleil dans son quadrige ; au revers, partie inférieure d'une figure de Bacchus accompagné d'un Satyre et d'une panthère.

3289. — Fragment d'un bas-relief : Bacchus enfant à cheval sur une panthère.

3290. — Support en forme de dauphin, chevauché par un Amour.

3291. — Partie supérieure d'un grand vase à anses orné de génies soutenant des guirlandes.

2849. — Diane debout, drapée, tenant deux flambeaux allumés, accompagnée d'un chien ; bas-relief. *Mission G. Perrot.* **Irméni Keui.**

BITHYNIE, MYSIE, TROADE

Embrasure de la porte sur la cour :

2860. — Stèle funéraire de Sinopis, avec l'image de la défunte assise, drapée et voilée. *Coll. Choiseul.* **Héraclée du Pont.**

2861. — Stèle funéraire d'Apollas : dans le registre inférieur, portrait du défunt, dont il ne reste que la tête, derrière lui planchette portant divers accessoires ; dans le registre supérieur surmonté d'un fronton, poignard, trépied, palme, couronne, hydrie. *Don Sorlin-Dorigny.* **Chalcédon (Bithynie).**

2862. — Inscription grecque votive à Anoubis, Osiris et Isis. *Coll. Choiseul.* **Cius (Bithynie).**

2863. — Stèle funéraire de Crispa Crassicia ; banquet funèbre : homme drapé, tenant une coupe, couché devant une table ronde ; au pied du lit femme assise drapée et voilée. **Brousse.**

Environs de Poemanenus (Mysie).

2864. — Sacrifice d'un bélier à Apollon Kratéanos : Apollon debout, drapé, tenant la lyre et faisant une libation sur un autel, deux adorants et un serviteur ; bas-relief avec inscription votive de Ménodotos. *Coll. Gréau.*

2865. — Sacrifice d'un bélier à Apollon Kratéanos : Apollon debout drapé, tenant la lyre et faisant une libation sur un autel, et un adorant ; bas-relief avec inscription votive de Ménandros. *Don Sorlin-Dorigny.*

Alexandrie en Troade.

Collection Choiseul.

2866. — Psyché montée sur un chameau ; bas-relief.

2867. — Monument funéraire d'Aphrodisios, directeur de chœurs, avec l'image du défunt debout entre deux colonnes ioniques.

2868. — Inscription grecque en l'honneur d'Apellès, fils d'Hermias, gravée au centre d'une couronne.

2869. — Épitaphe grecque d'Aurelia Eutychis, avec la représentation d'une hache fixée sur un billot.

2870. — Épitaphe grecque de l'affranchi impérial Athénodoros.

2871. — Monument votif à Cybèle d'Andires, avec le buste de la déesse drapée et coiffée d'une couronne tourelée, sous un édicule. *Coll. Choiseul.* **Troade.**

Ilium novum.

2614. — Base d'une statue de Priam, portant sur deux de ses faces une inscription grecque métrique. *Coll. du duc de Buckingham, puis Coll. Hertz.*

Collection Choiseul.

2873. — Inscription grecque : décret du sénat d'Ilium novum relatif à des sacrifices.

2874. — Inscription grecque : décret relatif à la fête des Panathénées.

2875. — Inscription grecque relative à des jeux.

2876 et 2877. — Inscriptions grecques : fragments de traités entre les Iliens et les Scamandriens.

2878. — Inscription grecque : décret de proxénie.

2879. — Inscription grecque : dédicace d'une statue d'Auguste, élevée par la ville d'Ilium et les villes voisines.

2880. — Cadran solaire, placé sur une base rectangulaire et porté par deux griffes de lion. *Tr. par Cousinéry; Coll. Durand.* Pergame.

Dans l'embrasure de la deuxième fenêtre sur la rue de Rivoli :

CARIE

Temple de Zeus Panamaros, Environs de Stratonicée.

Fouilles de Cousin et Deschamps; Don de l'École française d'Athènes.

2931. — Stèle à Jupiter Panamaros, ornée de l'image du dieu debout, drapé et casqué, tenant un sceptre et une hache à deux tranchants; inscription votive mentionnant la consécration des chevelures de Zoticos et de Dionysios (voy. le n° 2640, salle de Clarac).

2932 et 2933. — Fragments d'inscriptions grecques.

2935. — Hercule barbu, la chevelure ceinte d'un bandeau; tête. Stratonicée.

2936. — Édit d'Antiochus II instituant un culte en l'honneur de Laodicée. *Don de l'École française d'Athènes.* Durdurkar.

2937. — Décret punissant une conspiration contre Mausole. *Don de l'École française d'Athènes.* Environs d'Iasos.

Les inscriptions suivantes de Mylasa, de Caryandes et d'Olymos, en Carie, ont été rapportées à la suite de la mission de Ph. Le Bas et sont entrées au Louvre en 1845 et 1848.

Mylasa.

2938. — Décrets des Mylasiens relatifs à trois crimes de lèse-majesté commis contre Mausole, satrape de Carie, sous les règnes d'Artaxerxès II et d'Artaxerxès III.

2939. — Décret des Mylasiens en l'honneur d'Iatroclès, fils de Démétrios.

2940. — Décrets de la tribu des Otorcondes, à Mylasa, rendus en l'honneur du stratège Limnaios.

2941. — Décret des Mylasiens en l'honneur de Moschon, prêtre de Jupiter Crétois.

2942. — Décret des Mylasiens pour la construction d'un aqueduc.

2943. — Lettre de l'empereur Auguste aux habitants de Mylasa, relative à la destruction de cette ville par une armée ennemie.

Caryandes.

2944. — Décret des habitants de Caryandes en l'honneur d'un liturge.

Olymos.

2945. — Fragment d'un traité religieux conclu entre les Olyméens et les citoyens de Labrandes.

2946. — Décret des Olyméens concernant la participation d'un État voisin aux sacrifices d'Apollon et de Diane de Kybimes.

2947 et 2948. — Décrets relatifs à des acquisitions de terrains pour le compte d'Apollon et de Diane de Kybimes.

2949 à 2951. — Actes de location de terrains sacrés d'Apollon Olyméen et de Diane de Kybimes.

2952. — Inscription grecque : fragment d'un contrat de vente.

3292. — Épitaphe métrique d'Ouliadès. *Don de la section des sciences historiques et philologiques de l'École des Hautes-Études.* Éphèse.

ASIE-MINEURE

2909. — Stèle funéraire de Nikaia; banquet funèbre : homme drapé, couché devant une table ronde, femme drapée, assise, un serviteur et un meuble chargé de mets. *Coll. Gréau.*

Mission Ch. Texier.

2908. — Amours au cirque sur des chars attelés de cygnes et de dauphins; bas-relief.

2910. — Fragment d'une épitaphe grecque métrique.

Collection Choiseul.

2911. — Épitaphe grecque métrique du rétiaire Mélanippos.

2912. — Inscription grecque contenant un fragment du calendrier de Perséphone.

2913. — Inscription grecque en l'honneur de la nourrice Méliteia.

XXXVII. — SALLE DE MAGNÉSIE DU MÉANDRE

TEMPLE DE DIANE LEUCOPHRYÈNE
A MAGNÉSIE DU MÉANDRE

Le temple d'Artémis Leucophryène, construit à la fin du III⁰ s. av. J.-C., était l'œuvre d'Hermogénès d'Alabanda. D'ordre ionique il était orné sur ses quatre faces d'une frise représentant des combats de Grecs et d'Amazones. La suite de ces bas-reliefs, dont de nouvelles parties ont été découvertes par les Allemands, occupait un développement de 175 mètres environ. Le Louvre en possède un peu plus du tiers. Ils ont été rapportés, ainsi que les deux inscriptions ci-dessous de Magnésie du Méandre, en 1843, à bord de l'*Expéditive*, à la suite de la mission de Ch. Texier. L'exécution en est inégale et en général assez médiocre, mais l'ensemble n'en offre pas moins un exemple intéressant d'une composition riche et variée, formée de près de deux cents figures.

Sur les murs de la salle :

2881. — Frise du temple de Diane Leucophryène : épisodes divers de combats de Grecs et d'Amazones; soixante-neuf mètres environ, dont un morceau de retour d'angle.

2882 à 2883. — Deux fragments de bandeau, décorés de palmettes et d'une tête de lion.

2884 à 2885. — Deux fragments de corniche, ornés de rinceaux.

2886 à 2896. — Onze chéneaux ou fragments de chéneaux, ornés de têtes de lions.

2897 à 2899. — Trois petits fragments d'architecture.

2900. — Fragment de la base de l'ante, ornée d'une moulure en torsade.

2901. — Chapiteau orné d'oves et de palmettes.

2903. — Fragment d'une inscription grecque mentionnant une prêtresse de Diane Leucophryène.

2902. — Épitaphe grecque de M. Turpilius Florus et de son frère Quintus.

Au milieu de la salle :

2904. — Grand autel rond, orné de bucrânes, de guirlandes et de patères. *Mission Ch. Texier*. **Asie–Mineure.**

2905. — Grand vase orné de quinze cavaliers galopant autour de la panse. *Don du sultan Mahmoud II.* **Pergame.**

Au fond de la salle :

2914. — Inscription grecque : fragment d'un décret relatif au culte. *Don de l'École française d'Athènes.* **Côte d'Ionie.**

CILICIE

Le petit autel, les trois inscriptions et le cippe décrits ci-dessous ont été rapportés au Louvre en 1853 à la suite de la mission en Cilicie confiée à V. Langlois.

2915. — Petit autel avec le buste du Soleil.

Mopsueste.

2916. — Inscription grecque : fragment d'une dédicace consacrée par Philoclès au Soleil et au peuple de Mopsueste.

2917. — Inscription grecque de la base d'une statue d'Antonin le Pieux.

2918. — Cippe funéraire d'Amyntianos, en forme de colonne décorée de trois bustes, une femme voilée, un homme et un enfant.

2919. — Inscription en l'honneur d'Hermocratès : base d'une statue consacrée par les habitants d'Antioche en Cilicie. **Antioche.**

Autour de la salle :

SMYRNE

13. — Jupiter à demi drapé, tenant le foudre. *Coll. du Roi; Jardins de Versailles.*

928. — Apollon au repos, debout, nu, la main droite ramenée sur la tête, le bras gauche posé sur un tronc d'arbre autour duquel s'enroule un serpent, dit Apollon Lycien. *Coll. du Roi; Jardins de Versailles.*

3293. — Tête d'éphèbe de beau style, la chevelure ceinte d'une bandelette. *Coll. Kouris, puis Coll. Gourgousseff.*

3294. — Tête d'homme imberbe, coiffé du bandeau royal.

2920. — Les neuf Muses debout, drapées, entre Apollon et Hercule ; bas-relief, avec inscription grecque votive de Timon, fils de Maximos. *Coll. Borrell; Mission Ph. Le Bas.*

2921. — Monument funéraire de M. Aurelius Dionysios, avec le buste du défunt. *Coll. Choiseul.*

2922. — Stèle funéraire de Sousanon ; banquet funèbre : homme drapé, couché devant une table ronde, femme drapée et voilée, assise, et deux serviteurs. *Coll. Gréau.*

2923. — Épitaphe d'Apollonidès. *Coll. de Cadalvène.*

Don P. Gaudin.

3295. — Torse d'une femme finement drapée, épaules et jambes d'un personnage drapé, appuyé à un tronc d'arbre; fragment d'un grand bas-relief.

3296. — Stèle funéraire de Thaléa : femme drapée et voilée debout entre deux petits personnages.

3297. — Stèle funéraire : homme et femme debout drapés et un petit serviteur.

3298. — Stèle funéraire d'Apollodotos et de Métrodotos, ornée de couronnes : deux hommes drapés, l'un debout, l'autre assis, se donnant la main.

3299. — Épitaphe de Chrestion, gravée sur une colonnette terminée par un renflement sphérique.

3300. — Stèle funéraire de Métrodoros et de Matréas : enfant drapé tendant une grappe de raisin à un autre enfant et serviteur.

3301. — Épitaphe de Diodotos de Colosses.

3302. — Monument funéraire d'Amyntas : enfant assis défendant ses fruits contre un coq, hermès barbu, couronne et jouets divers.

CLAZOMÈNE

Don P. Gaudin.

3303. — Aphrodite drapée; statuette archaïque en costume ionien ; la tête manque.

3304. — Déesse drapée et voilée, assise de face dans un édicule à fronton.

2925. — Torse de femme à demi nue, une bandelette en sautoir entre les seins. *Don du commandant Fiquet*. Éphèse.

HALICARNASSE

2838. — Femme drapée; la tête sculptée à part et les bras manquent; le revers n'est que dégrossi; statue provenant de la décoration d'un édifice. *Tr. en 1829 par J. de Breuvery ; Coll. de Breuvery*.

2928. — Petit autel portant une inscription votive à Jupiter Plouteus. *Coll. de Breuvery*.

2927. — Jeune fille debout, drapée et voilée, présentant une grappe de raisin à un chien ; petite stèle funéraire.

TRALLES

3305. — Tête de femme voilée, d'un type apparenté à la Déméter de Cnide ; le cou s'encastrait dans une statue.

3306. — Tête de femme voilée, les cheveux séparés en deux bandeaux bouffants par une raie profonde ; le voile placé en arrière forme un pli sur le sommet.

SARDES

3307. — Amour ailé debout, nu, un carquois contre la cuisse gauche ; statuette.

Don P. Gaudin.

3308. — Petit sarcophage avec toit à double pente, portant le nom de Lysimachos, fils de Ménophilos.

3309. — Petit sarcophage analogue, portant le nom de Sardion, femme de Ménélaos.

3310. — Petit sarcophage analogue, portant les noms d'Alexandros et d'Apphias.

ALACHEIR, ANC. PHILADELPHIE

Don P. Gaudin.

3311. — Bas-relief votif à la déesse Matuéné : déesse drapée et voilée, debout entre deux lions, tenant une patère et pressant sur sa poitrine un jeune quadrupède.

3312. — Grande stèle funéraire de Metrodoros et de ses enfants, ornée de trois registres de bas-reliefs.

3313. — Petit autel avec ex-voto de Diodotos à Hélios Soter.

3314. — Fragment d'architecture : buste imberbe accompagné d'une harpe, entre deux archivoltes.

PHRYGIE

2906. — Diane chasseresse, vêtue d'une tunique courte, le carquois sur l'épaule droite, avec les restes de la biche auprès d'un tronc d'arbre; variante de la célèbre Diane de Versailles (voy. le n° 589, salle du Tibre). **Philomélium.**

Don P. Gaudin.

3315. — Tête imberbe couronnée de feuillage. **Philomélium.**

3316. — Stèle votive à Cybèle, debout entre deux lions que surmontent Mercure et une autre divinité; le fronton est orné de divers attributs ; inscription grecque. **Ouchak.**

3317. — Stèle funéraire d'Hespéris, avec divers attributs d'usage féminin et la représentation d'une porte à deux vantaux. **Otourak.**

3318. — Fragment d'une stèle funéraire phrygienne, ornée d'attributs divers, couteau, double hache, miroir, peigne, quenouille ; restes d'une inscription grecque effacée. **Acmonia.**

3319. — Stèle funéraire phrygienne, ornée de deux rangées d'attributs divers, outre, corbeille, peigne, miroir ; inscription grecque. **Acmonia.**

3320. — Grande stèle funéraire de Diogas et de Fausté, avec les bustes des défunts et une porte à deux vantaux dans un encadrement. **Muraddagh.**

3321. — Grande stèle funéraire de Tatia et de Mathios avec les bustes des défunts et une porte à deux vantaux. **Muraddagh.**

3322. — Vase à couvercle pointu, orné de têtes de Méduse à l'attache des anses ; sur le haut du vase, inscription grecque avec le nom d'Eutychios. *Don P. Gaudin.* **Ayazin.**

3323. — Grande inscription éphébique, ornée d'une couronne avec les noms des magistrats Attalos, Asclepiadès et Nicandros. *Don P. Gaudin.* **Mysie.**

3324. — Torse d'homme nu, la poitrine traversée par un laudrier. **Asie-Mineure.**

3325. — Tête d'homme imberbe coiffé du bonnet phrygien. **Asie-Mineure.**

Revenant sur ses pas, le visiteur sortira par la galerie Assyrienne et, traversant la galerie Égyptienne et les salles du Moyen âge et de la Renaissance, arrivera au :

XXXVIII. — VESTIBULE

Le vestibule est aujourd'hui occupé par des monuments du département des sculptures du Moyen âge, de la Renaissance et des temps modernes.

XXXIX. — SALLE DES ANTIQUITÉS CHRÉTIENNES

Les antiquités chrétiennes ont été classées suivant leur provenance.

GAULE

Au milieu :

2955. — Cuve du sarcophage de saint Drausin, évêque de Soissons, ornée du monogramme du Christ et de rinceaux de vigne ; aux angles, des colonnes cannelées en spirales. *Cathédrale de Soissons ; Musée des Monuments français.*

2956. — Couvercle du sarcophage dit de l'abbé Morard, en forme de toit orné d'imbrications ; au centre, un cep de vigne sortant d'un vase. *Abbaye de Saint-Germain-des-Prés à Paris ; Musée des Monuments français.*

Sur le mur du côté de l'entrée :

2958. — Sarcophage chrétien : le Christ enseignant, assis au milieu des Apôtres. **Rignieux-le-Franc (Ain).**

2957. — Sarcophage orné de scènes chrétiennes : au centre, résurrection du fils de la veuve de Naïm ; sur les faces latérales, berger avec son troupeau, Daniel dans la fosse aux lions. *Don du Conseil général de l'Ariège.* **Mas Saint-Antonin (Ariège).**

2959. — Sarcophage strigilé, avec l'image d'un vase d'où sort un pied de vigne. *Don du Conseil général de l'Ariège.* **Cadarcet (Ariège).**

2960. — Fragment de sarcophage : Moïse détachant sa chaussure sur le mont Horeb, multiplication des pains. *Don Héron de Villefosse.* **Nîmes.**

2961. — Fragment de sarcophage : multiplication des pains. *Don de l'abbé Thédenat.* **Environs de Nîmes. (?)**

2963. — Épitaphe d'Antoninus. *Don Révoil.* **Arles.**

Don E. Le Blant.

2962. — Fragment de sarcophage : figure drapée, appartenant à la scène de la multiplication des pains. **Arles.**

2964. — Épitaphe de Silvina. **Arles.**

2965. — Épitaphe d'Aventina. **Lyon.**

2966. — Épitaphe de Dominicus. **Tr. près de l'église Saint-Irénée à Lyon.**

2967. — Épitaphe de Leucadia, vierge consacrée à Dieu. **Tr. dans les ruines de l'ancienne église des Macchabées à Lyon.**

2968. — Fragment d'une épitaphe chrétienne. **Andance (Ardèche).**

2969. — Épitaphe de Bertegiselus, datée de la quatrième année du roi mérovingien Thierry II. **Guilherand (Ardèche).**

2970. — Épitaphe d'Amatus. **Montagne de Crussol (Ardèche).**

2971. — Fragment d'une épitaphe chrétienne; sur le côté, deux colombes accostant une croix. **Montagne de Crussol (Ardèche).**

3336. — Epitaphe de Maria. *Don Aymé Rambert.* Les Malavaux (Allier).

2972. — Épitaphe d'Ursicina, surmontée du monogramme du Christ inscrit dans une couronne. *Don P. Durand.* Bainson (Marne).

Don Daubrée.

2973. — Épitaphe de Martiola; au centre, le monogramme du Christ. Trèves.

2974. — Épitaphe de Lupantia, avec le monogramme du Christ entre deux colombes. Trèves.

2975. — Épitaphe d'Auspicius, avec le monogramme du Christ entre deux colombes. Trèves.

2976. — Inscription de l'époque mérovingienne : épitaphe de Radogisilus. *Don de l'abbé Hamard.* Hermes (Oise).

3413. — Épitaphe de Barbara. *Dépôt du Cabinet des médailles et antiques de la Bibliothèque nationale.* Paris.

3327. — Moulage de l'épitaphe d'Aigulfus; au-dessous de l'inscription, représentation au trait d'un cavalier et d'un lion. *Don Bobeau.* Langeais (Indre-et-Loire).

3328. — Moulage de l'inscription grecque métrique dite d'Aschandios, avec la mention de l'Ichthus céleste. Cimetière de Saint-Pierre-l'Estrier à Autun.

3329. — Moulage d'un fragment de tableau mural représentant un agneau et une branche portant une grappe de raisin. Autun.

2977. — Devant d'autel, connu sous le nom de tombeau de saint Ladre, orné de colonnes, de strigiles et d'une croix sortant d'un vase entre deux palmiers. *Musée des Monuments français, puis Abbaye de Saint-Denis.* Abbaye de Saint-Denis.

2978. — Chapiteau provenant de la basilique mérovingienne de Saint-Vincent de Paris. *Musée des Monuments français, puis Abbaye de Saint-Denis.* Église de Saint-Germain-des-Prés.

3330 et 3331. — Deux chapiteaux composites, provenant d'une basilique. Tr. au Pont du Luby entre le département du Gers et le département des Landes.

ITALIE

Au milieu et sur le mur de gauche :

2979. — Mosaïque décorative, ornée au centre d'une torsade en forme de croix. *Don de Maleroi.* **Voie Nomentane, Environs de Rome.**

Rome.

Collection Borghèse.

2980. — Trois fragments d'un grand sarcophage : sur la face antérieure, le Christ debout sur un rocher et les douze Apôtres, dans le fond une rangée d'édifices; sur une des faces latérales, le prophète Élie enlevé au ciel et laissant son manteau à Élisée, Moïse recevant les tables de la loi; sur l'autre, le sacrifice d'Abraham, personnage entre des Apôtres. **Tr. sous le pavement de la basilique Vaticane, près de la sépulture de Probus.**

2981. — Devant de sarcophage : offrandes d'Abel et de Caïn, le Christ bénissant deux enfants, reniement de saint Pierre, le Christ et la Samaritaine, l'hémorroïsse.

2982. — Grande cuve strigilée, de forme ovale, ornée de la figure du Bon Pasteur et de têtes de lions.

Collection Campana.

2983. — Face antérieure du sarcophage de Livia Primitiva : épitaphe de la défunte, accompagnée de l'image du Bon Pasteur entre deux brebis, d'un poisson et d'une ancre gravée au trait; deuxième moitié du IIIe siècle. **Tr. sous la basilique Vaticane, près de la sépulture de saint Pierre.**

2984. — Fragment de la plate-bande d'un couvercle de sarcophage : les jeunes Hébreux refusant d'adorer la statue de Nabuchodonosor.

2985. — Fragment de la face antérieure d'un sarcophage, décoré de strigiles, portant dans un médaillon l'épitaphe de Melissus.

2986. — Fragment de la plate-bande d'un couvercle de sarcophage, avec l'épitaphe de Theodora, ornée du monogramme du Christ dans un cartel, datée de l'année 363.

2989. — Épitaphe de Felicitas, surmontée d'une colombe tenant une grappe de raisin.

2990. — Fragment de l'épitaphe d'Eugenia.

2991. — Fragment d'une épitaphe provenant des catacombes, avec le monogramme du Christ.

2987. — Moulage de la base d'une colonnette ayant fait partie d'un ciborium qui surmontait un autel dans la catacombe de sainte Priscille sur la voie Salaria; sur les trois faces, inscription relative au martyre des sept fils de sainte Félicité. *Don E. Le Blant.*

2988. — Épitaphe de Juvenalis; plaque de marbre ayant fermé un loculus des catacombes. *Don E. Le Blant.*

2992. — Moulage d'une statue du Bon Pasteur dont l'original est conservé au musée du Latran. *Don de M*gr. *Duchesne.*

2994. — Épitaphe de la jeune Nila Florentina, née païenne et morte peu de temps après avoir reçu le baptême. *Coll. Durand.* **Catane (Sicile).**

TUNISIE

Au milieu, sur les murs et dans l'embrasure
de la deuxième fenêtre :

Carthage.

3332. — Fragment d'une grande mosaïque : cerf et biche se désaltérant à la source symbolique. *Envoi du directeur des antiquités et des arts de la Régence, P. Gauchler.* **Baptistère de Bir-Ftouha.**

3000. — Chapiteau provenant d'une basilique chrétienne, orné de têtes de face entre des palmes. *Don du commandant Marchant.*

Don des Pères Blancs de Carthage.

3001. — Épitaphe de Victoria et de Placidus.
3002. — Épitaphe d'Herennius Alvinus.

Dépôt du Cabinet des médailles et antiques de la Bibliothèque nationale.

3414. — Épitaphe de Cambulus.
3415. — Épitaphe de Primula.
3416. — Épitaphe de Johanna.

3333. — Mosaïque funéraire de Karthago, avec le monogramme accompagné de l'α et de l'ω. *Envoi du directeur des antiquités et des arts de la Régence, P. Gauckler.* **Henchir Msaadin, anc. Furnos.**

3334. — Mosaïque funéraire de Nardus, Turrassus et Restitutus, avec le monogramme, des colombes et une tige de fleurs. *Envoi P. Gauckler.* **Souk-el-Abiod, anc. Pupput.**

Tabarca.

3335. — Mosaïque funéraire, décorée au centre d'un médaillon avec ornement en forme d'ancre et de colombes affrontées entourant l'arbre du Paradis. *Envoi du directeur des antiquités et des arts, A. Merlin.*

2995. — Mosaïque funéraire avec l'image de l'évêque Pelagius. *Don du capitaine Rebora.*

Utique.

Don de la société des fouilles d'Utique; Mission du Comte d'Hérisson.

2996. — Fragment de mosaïque représentant une croix inscrite dans un cercle.

2997 et 2998. — Fragments de la mosaïque funéraire de Candida : deux colombes au-dessous du nom de la défunte inscrit dans un cercle et deux oiseaux au-dessus d'un vase.

3003. — Fragment de l'épitaphe de Restuta avec le monogramme du Christ.

Makteur.

3004. — Epitaphe de Germanus, évêque de Mactaris. *Mission J. Letaille.*

3005. — Epitaphe de Rutilius, évêque de Mactaris. *Don du commandant Espérandieu.*

Envoi du directeur des antiquités et des arts, P. Gauckler.

3336. — Épitaphe de Bonifatia, avec le monogramme du Christ dans un cercle.

3337. — Épitaphe de Januaria, surmontée du monogramme du Christ dans un cercle.

3338. — Inscription mentionnant des reliques du martyr Sebastianus. *Envoi P. Gauckler.* **Henchir Fellous.**

3006. — Fragment d'une inscription bilingue, latine et grecque, portant le nom de l'empereur Justin II et de l'impératrice Sophie. *Don de la Société des fouilles d'Utique; Mission du comte d'Hérisson.* **Sidi Ghérib, près de Mahrès.**

3352. — Moulage d'une inscription chrétienne surmontée du monogramme du Christ dans un cercle, gravée au revers d'un grand bas-relief romain (voy. le n° 3128, salle de Mécène). **Tunisie (?).**

ALGÉRIE

Sur les murs et dans la vitrine du mur de la salle :

3339. — Fragment d'une grande mosaïque : bélier, brebis, et agneau tétant. *Don du comte Léon de Bagneux.* **Basilique de Rusguniae.**

Cherchel.

3340. — Plate-bande d'un couvercle de sarcophage; au centre médaillon soutenu par deux génies ailés; à gauche l'adoration des Mages; à droite les trois jeunes Hébreux dans la fournaise. *Don Peytel*.

3024. — Épitaphe de Ceadis, gravée sur le revers de l'épitaphe païenne de Messia Honorata. *Mission du commandant Delamare*.

Mission Ravoisié.

3007. — Fragment de sarcophage : deux hommes drapés entre deux colonnes.

3008. — Fragment de la plate-bande d'un couvercle de sarcophage : les trois jeunes Hébreux dans la fournaise, cartel anépigraphe, génies soutenant une draperie derrière le buste du défunt.

3009. — Fragment d'un couvercle de sarcophage : Ève et le serpent.

3341. — Moulage d'un sarcophage chrétien : Daniel et le serpent des Babyloniens, les Noces de Cana, la femme hémorroïsse, le Christ assis ayant à ses pieds deux petits personnages, la guérison d'un aveugle, la multiplication des pains, la prédiction du reniement de saint Pierre. *Original au Musée d'Alger. Don du Gouvernement général de l'Algérie*. **Dellys**.

3010. — Moulage d'un sarcophage chrétien, orné du buste du Bon Pasteur tenant un sceau, du vase mystique et d'une couronne ayant en son centre une étoile. *Original au Musée de Lambèse. Mission J. Letaille*. **Lambèse**.

Tébessa.

Mission J. Letaille.

3011. — Inscription en l'honneur de saint Miggin, avec le monogramme du Christ dans un cercle et deux colombes portant des palmes.

3012. — Inscription funéraire chrétienne, avec le monogramme du Christ.

Guelma.

Mission du commandant Delamare.

3013. — Épitaphe de Matrona.
3014. — Épitaphe chrétienne.

Don Lejeune.

3342. — Inscription mentionnant des reliques des martyrs
de la Massa Candida et des trois jeunes Hébreux.
3343. — Inscription mentionnant des reliques de saint Pierre,
de saint Martin et de saint Félix.

Environs d'Aïn-Beida.

Don Pozzi ; Mission A. Audollent et J. Letaille.

3015. — Inscription gravée sur un cartel et indiquant la
place réservée aux vierges dans une basilique.
3016. — Petite fenêtre à double arcade, portant une inscription tirée des psaumes.
3344. — Coffret à reliques. *Don de Gournay.*

3017. — Inscription métrique : dédicace d'une basilique par
l'évêque Navigius. *Don L. Bertrand.* **Philippeville.**

Sétif.

Mission du commandant Delamare.

3018 à 3020. — Trois inscriptions reproduisant des versets
des psaumes.
3021. — Fragment d'inscription en grands caractères.
3022. — Épitaphe d'Adrianus.

3026. — Clef d'arcade portant sur chaque face, dans un cercle, le monogramme chrétien et les lettres α et ω. *Mission du commandant Delamare*. **Guidjel, Environs de Sétif.**

3023. — Grande inscription gravée sur une épaisse dalle cintrée: dédicace d'une memoria consacrée le 7 septembre de l'année 359 en l'honneur de deux martyrs africains ; diverses reliques précieuses, en particulier du bois de la vraie Croix, sont énumérées. *Mission A. Audollent et J. Letaille*. **Tr. entre Tixter et Ras-el-Oued.**

3345. — Inscription datée de 435, mentionnant des reliques de la vraie Croix et de divers saints. *Don Larrey*. **Kherbet-el-ma-el-Abiod.**

3025. — Épitaphe de Julius Capsarius et de Valeria Germana. *Don du commandant Demaeght*. **Lamoricière.**

Bénian.

3346. — Épitaphe de l'évêque Nemessanus et de sa sœur Julia Geliola. *Don du commandant Demaeght*.

Fouilles de M. Rouziès ;
Don de l'Association historique de l'Afrique du Nord.

3347. — Épitaphe d'un évêque donatiste avec la mention de l'ecclesia Alamiliariensis.

3348. — Épitaphe de la martyre donatiste Robba, mise à mort le 25 mars 434.

3349. — Épitaphe du diacre Maurus.

3350. — Épitaphe du prêtre Donatus.

3351. — Chapiteau corinthien.

Basilique de Tigzirt.

Mission Gavault.

3027 et 3028. — Deux demi-frontons ornés de rosaces enchevêtrées.

3029. — Demi-fronton orné d'une rangée de colonnettes supportant des arcades découpées à jour.

3030 à 3033. — Corbeaux de forme trapézoïdale: lion marchant, ayant entre ses pattes un lapin ; oiseau aux ailes redressées; ânesse, la tête baissée, et devant elle un personnage de face; martyre en orante, entre deux bêtes féroces.

ÉGYPTE

Embrasures des fenêtres :

Alexandrie.

Don Clermont-Ganneau.

3035. — Inscription funéraire chrétienne, avec le nom de Julianus.

3036. — Inscription funéraire chrétienne.

3034. — Poisson surmonté d'une croix; bas-relief. *Envoi du directeur de l'Institut français du Caire, Bouriant.* Erment.

Collection Salt.

3037. — Épitaphe grecque de Maria.

3038. — Épitaphe grecque tracée légèrement à la pointe sur pierre calcaire.

3354. — Épitaphe d'Aulosé, gravée à la pointe sur pierre calcaire.

3355. — Épitaphe de Maria, gravée à la pointe sur pierre calcaire.

Mission Seymour de Ricci.

3353. — Fragment d'un rebord de table ou de bassin sculpté: tête barbue de profil à droite, et tronc d'arbre.

3417. — Fragment d'un rebord analogue: animal monstrueux à arrière-train pisciforme.

3418. — Fragment d'un rebord portant des lettres arabes.

3419. — Fragment d'un rebord de table ou de bassin sculpté : quadrupède terrassant un âne. *Coll. A. Max de Zogheb.*

SYRIE ET PALESTINE

Embrasure de la première fenêtre et vitrine du mur de la salle:

Sidon.

Mission Renan.

3039. — Épitaphe d'Euprépis, du sous-diacre Ianouaris, d'Eudoxia et de Plinthas.

3040. — Fragment de l'épitaphe d'une femme originaire d'Antioche.

Bassah.

3041. — Fragment d'une épitaphe grecque, surmontée d'un buste. *Don Chevarrier, consul de France.*

3356. — Couvercle de caisse à reliques avec le nom de Johannès.

Gaza.

3357. — Épitaphe de la servante de Dieu Ousia.

3358. — Épitaphe de la servante de Dieu Megisteria.

3359. — Épitaphe du bienheureux Zénon.

3042. — Inscription grecque, avec le nom du diacre Alexandros. *Don Chevarrier.* **Majumas, port de Gaza.**

3360. — Grande plaque ornée de bas-reliefs: au centre, dans un cercle, croix cantonnée de deux agneaux et de deux paons; dans les angles, des croix, des paons, des poissons, des rosaces et des feuillages. **Zib, entre Tyr et Saint-Jean-d'Acre.**

3043. — Caisse à reliques à trois compartiments, avec son couvercle en forme de toit décoré d'une croix en relief. *Don de Saulcy.* **Hébron.**

3361. — Fragment ayant servi de carreau de dallage. **Antioche.**

3044. — Chapiteau orné sur ses quatre faces de bustes en relief.

GRÈCE ET ASIE-MINEURE.

Embrasures des fenêtres et vitrine du mur de la salle :

3362. — Moulage du revers d'une inscription grecque (voy. le n° 856, salle des Caryatides) ayant servi de table d'autel. *Don de Roujoux*. **Athènes**.

3420. — Fragment d'un rebord de table ou de bassin sculpté : deux personnages dans une barque et un troisième s'apprêtant à y monter; devant le bateau, un immense poisson. *Coll. Kirchner Schwarz*. **Athènes**.

3421. — Fragment d'un rebord analogue: jeune pâtre assis, combats d'animaux, animaux fuyant. **Athènes**.

Salonique.

Don Doite.

3363. — Épitaphe latine de Barbatio.
3364. — Épitaphe de Dorothéos.
3365. — Épitaphe de Théodora.
3366. — Épitaphe de Joannès et d'Apostolia.
3367. — Épitaphe de l'appariteur Démétrios.
3368. — Épitaphe de Pélagia, du soldat Stéphanos et de Costantinos.
3369. — Épitaphe d'Euphrosinos.
3370. — Épitaphe de Philoxénos.
3371. — Épitaphe de Cassandra.

Collection Choiseul.

3048. — Épitaphe d'Eugénianos, gravée sur la plate-bande d'une petite corniche.
3049. — Épitaphe du garde du corps Eugnomonios.

3050. — Épitaphe d'Euphémia, avec une croix grecque en relief.

3051. — Inscription grecque de l'époque byzantine : don d'une vigne à un couvent par Manuel Ducas Comnène Gâvras, en l'an 1301.

3374. — Fragment d'une dalle ornée d'une croix et de rosaces, avec inscription en l'honneur de saint Pierre. *Don R. Paton.* **Cimetière de Ghérési, près Myndos.**

3375. — Épitaphe provenant du tombeau d'un évêque. *Don du baron H. de Schwitter.* **Eski-Kara-Hissar.**

3422. — Fragment d'un rebord de table ou de bassin sculpté : homme debout, armé d'un épieu, et bœuf au repos; à gauche un arbre. **Mersina.**

3055. — Chapiteau byzantin, orné d'un monogramme et de feuillages. *Don de M*gr* Gabriel.* **Constantinople.**

3056. — Fragment de colonnette, avec son chapiteau, provenant d'un monument byzantin. *Don Sorlin-Dorigny.* **Oxia (Iles des Princes).**

3372. — Fragment d'un rebord de table ou de bassin sculpté : David armé de la fronde, auprès d'un tronc d'arbre, s'apprêtant à combattre Goliath. *Mission Couchoud.* **Chypre.**

3373. — Inscription grecque reproduisant un psaume. *Don Boysset, consul de France.* **Karavas, près Lapéthos (Chypre).**

3046 et 3047. — Deux fragments de rebords de tables ou de bassins sculptés: Daniel dans la fosse aux lions; Jonas sortant de la baleine. *Don Parent.*

3052 et 3053. — Deux fragments de plaques à compartiments, sculptées sur leurs deux faces, d'époque byzantine : paons et raisins. *Mission Miller.*

3057. — Baptistère ou bénitier, creusé en forme de conque radiée, orné de croix en relief, provenant d'une des églises chrétiennes de Tomi. *Envoi Robert et Blondeau.* **Kustendjé.**

Dans les embrasures des fenêtres :

3058. — Fragment d'un monument byzantin : le Christ drapé et nimbé, gravé au trait ; légende grecque tirée de l'Évangile. *Don. Ch. Robert.*

3376. — Fragment d'un rebord de table ou de bassin sculpté : berger en train de traire une chèvre. *Don du Dr Capitan.*

3421. — Fragment d'un rebord analogue : Daniel dans la fosse aux lions visité par Habacuc.

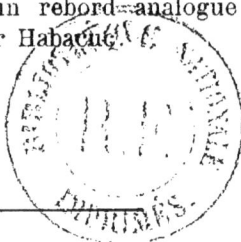

TABLE GÉNÉRALE

91 (p. 2). — Minerve au collier.

78 (p. 5). — Jupiter de Versailles.

588 (p. 5). — Poète grec.

83 (p. 5). — Mercure, dit Jason ou Cincinnatus.

86 (p. 6). — Vase Borghèse.

3070 (p. 17). — Minerve, dite torse Médicis.

Cliché Braun et Cie.

399 (p. 22). — Vénus de Milo.

VIII

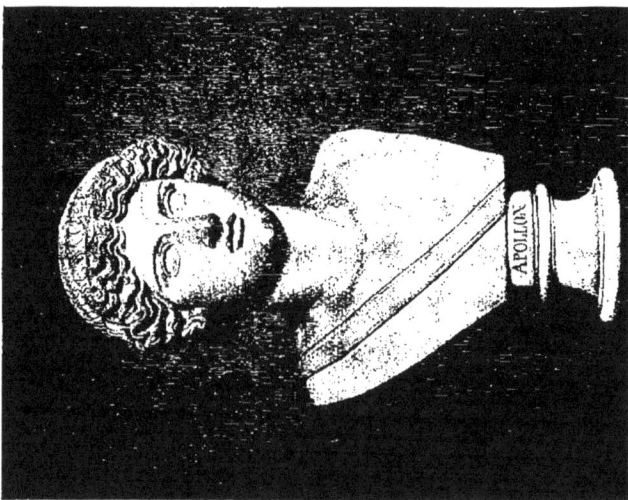

476 (p. 25). — Apollon.

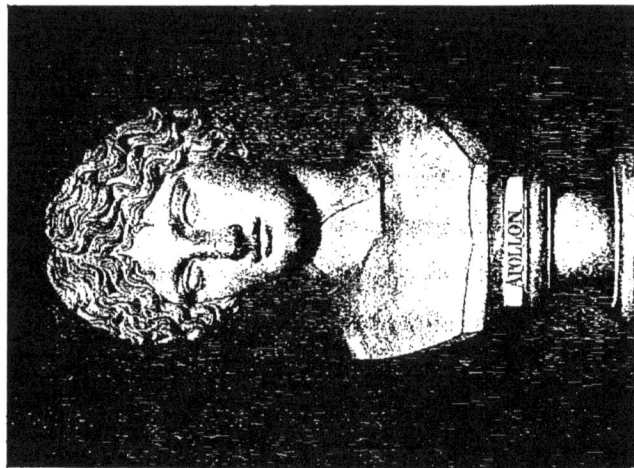

469 (p. 26). — Apollon.

Clichés Braun et Cie.

Clichés Braun et Cie.

440 (p. 26). — Homère.

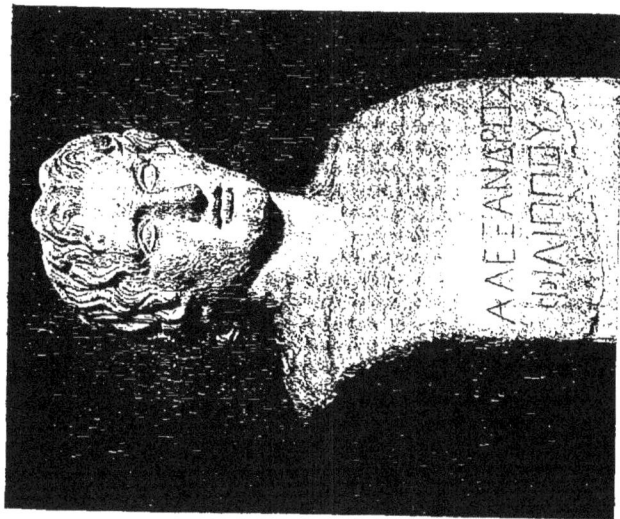

436 (p. 25). — Alexandre le Grand.

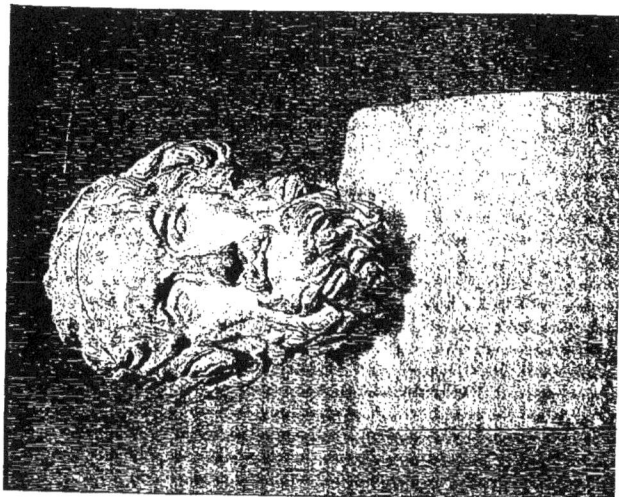

439 (p. 26). — Vénus d'Arles.

441 (p. 26). — Apollon Sauroctone.

464 (p. 27). — Pallas de Velletri.

525 (p. 3o). — Vénus Génitrix.

Cliché Braun et Cie.

527 (p. 3o). — Héros combattant.

Cliché Braun et Cie.

529 (p. 3o). — Diane de Gabies.

Vitrine de la salle du Héros combattant (p. 3o-3i).

Vitrine de la salle du Héros combattant (p. 32-33).

Cliché Braun et Cie.

922 (p. 36). — Faune à l'enfant.

Cliché Braun et Cie.

589 (p. 36). — Diane à la biche.

XX

593 (p. 36). — Le Tibre.

Cliché Braun et Cie.

2240 (p. 39). — Vénus de Vienne.

Vitrine de la salle Grecque (p. 40-43).
Sculptures archaïques.

Cliché Braun et Cie.

3098 (p. 40). — Statuette de style archaïque crétois.

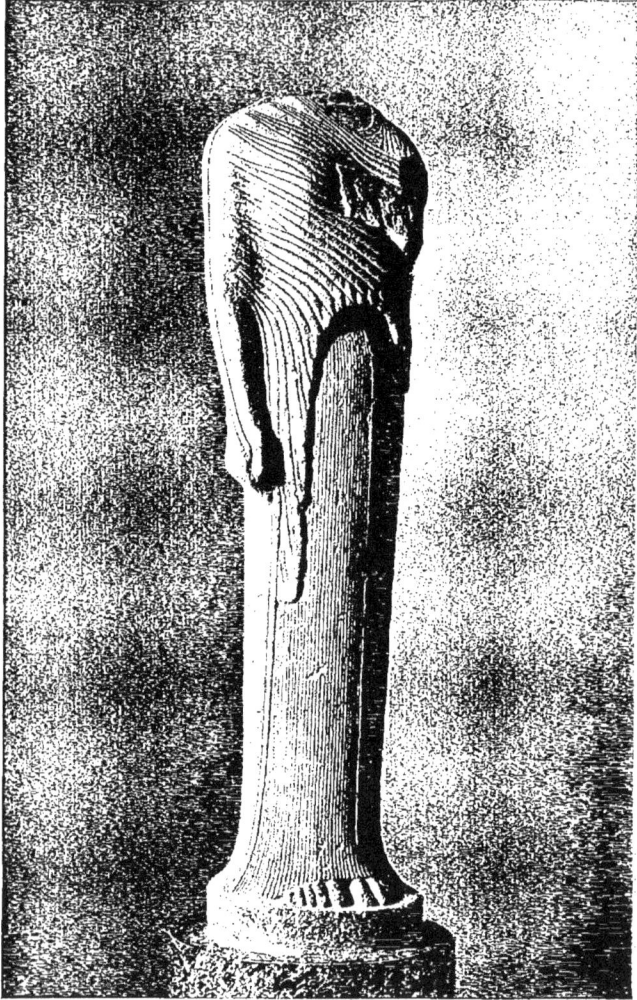

Cliché Braun et Cie.

686 (p. 41). — Junon de Samos.

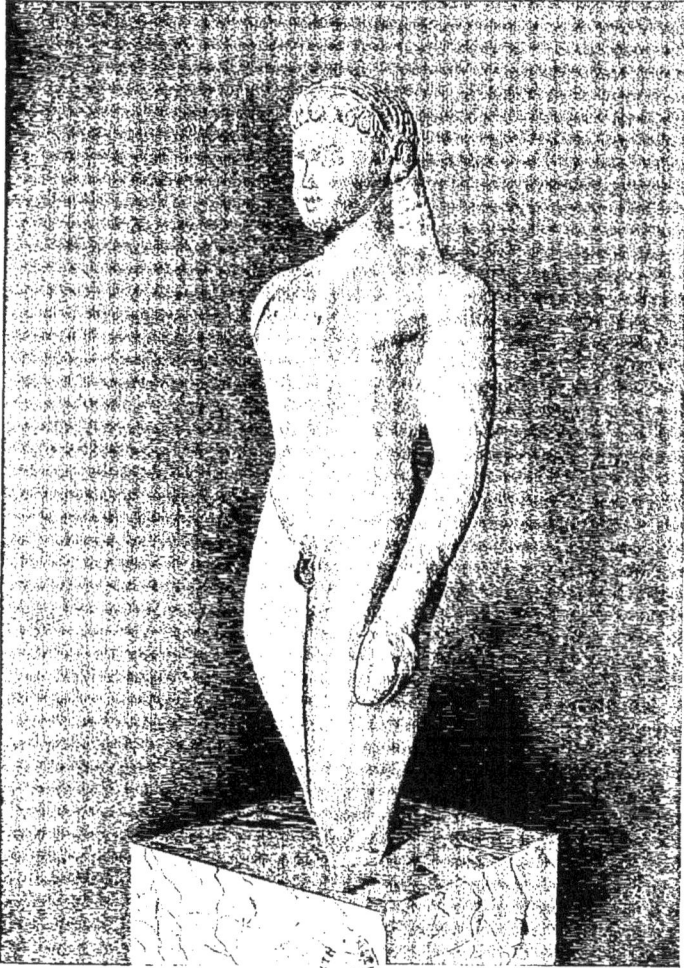

Cliché Braun et Cie.

3101 (p. 41). — Apollon archaïque de Paros.

696 (p. 41). — Bas-reliefs archaïques de Thasos.

701 (p. 42). — Bas-relief dit l'Exaltation de la fleur.

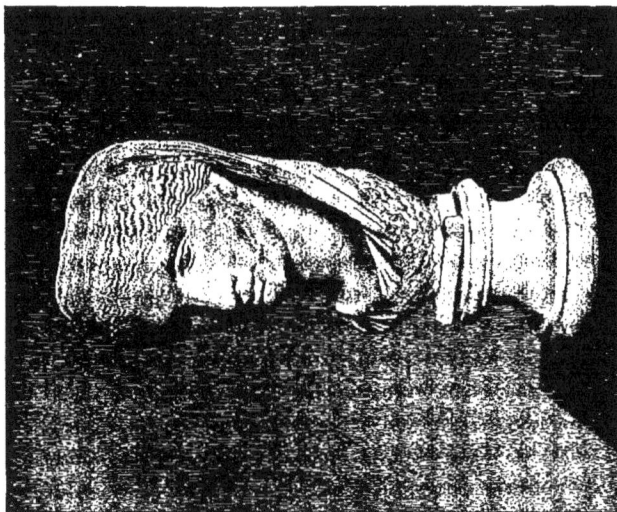

Cliché Braun et Cie.

828 (p. 48). — Tête de Déméter provenant
d'Apollonie d'Epire.

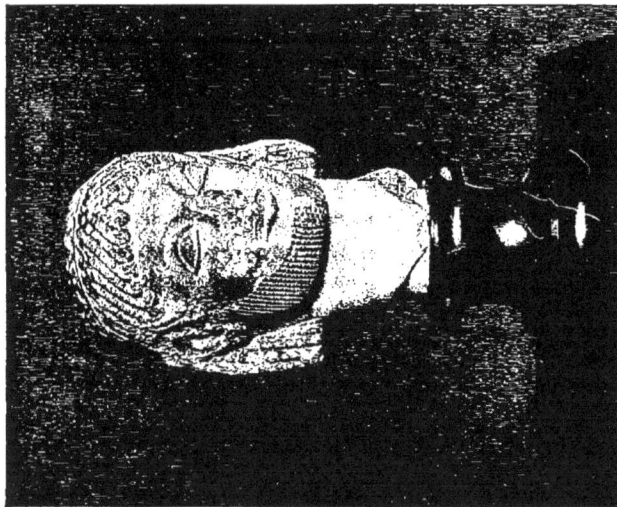

3104 (p. 42). — Tête d'homme d'ancien style
attique, dite tête Rampin.

Cliches Braun et Cie.

3,06 (p. 43). — Tête de femme, du style de
Calamis, dite tête Humphry Ward.

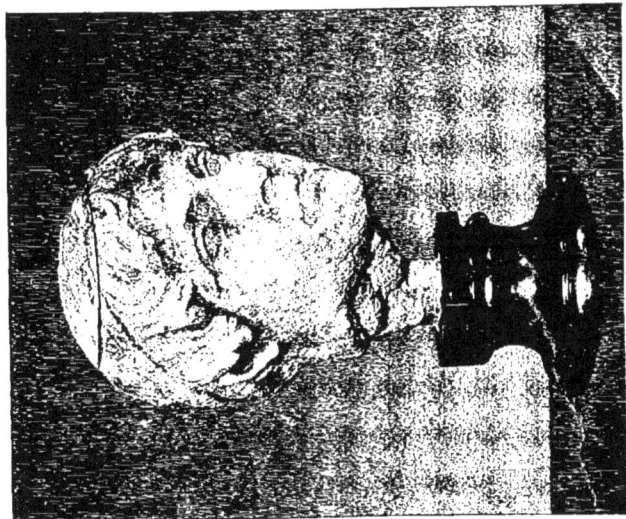

691 (p. 42). — Tête d'Apollon du type de
l'Apollon Choiseul-Gouffier.

716 (p. 43). — Métope du temple de Jupiter à Olympie.
Hercule et le taureau de Crète.

Cliché Braun et Cie.

717 (p. 43). — Métope du temple de Jupiter à Olympie.
Hercule et les oiseaux du lac Stymphale.

XXXII

Clichés Braun et Cie.

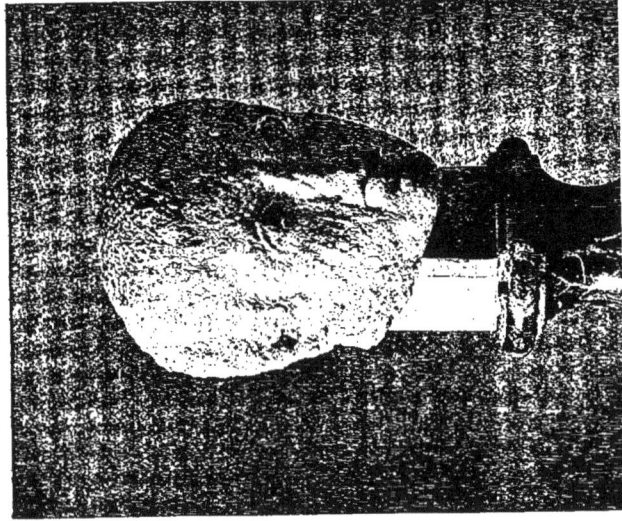

757 (p. 44). — Tête de Lapithe d'une métope
du Parthénon.

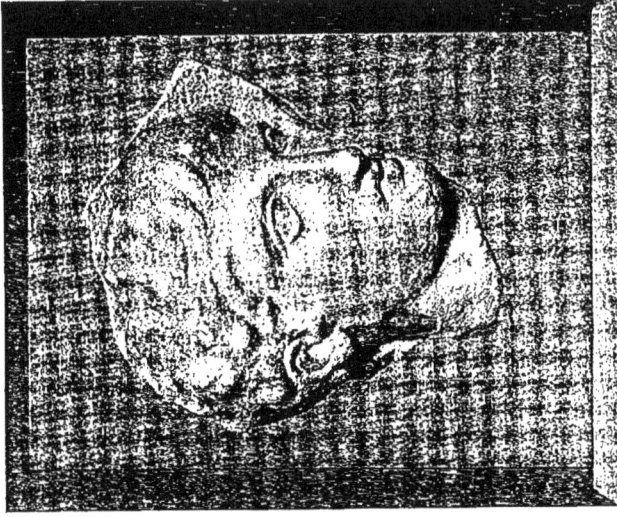

3110 (p. 44). — Tête de jeune homme de la frise
du Parthénon.

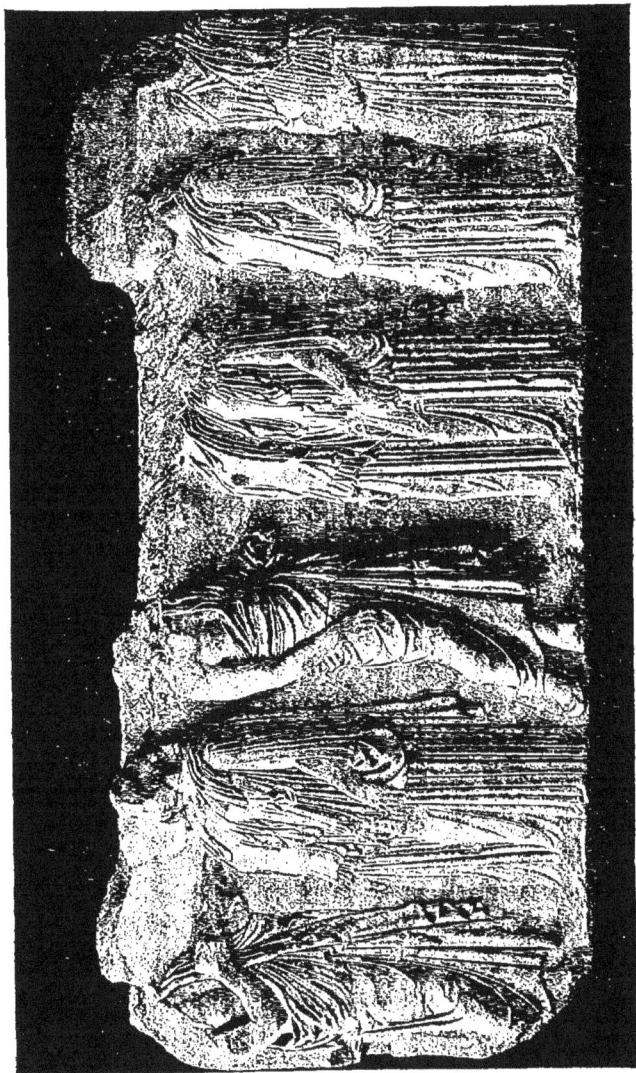

Cliché Braun et Cie.

738 (p. 44). — Frise du Parthénon. Procession des Panathénées.

Cliché Braun et Cie.

766 (p. 46). — Stèle funéraire de Philis.

Cliché Braun et Cie.

767 (p. 46). — Stèle funéraire de Phainippos et de Mnésarété.

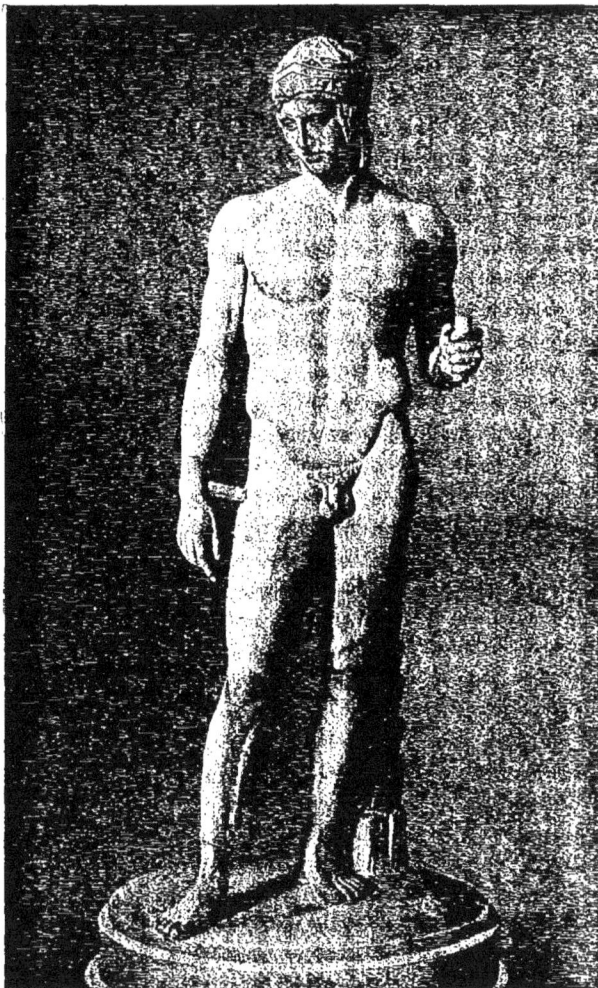

Cliché Braun et Cie.

866 (p. 50). — Mars, dit Achille Borghèse.

931 (p. 54). — Tête de Mars.

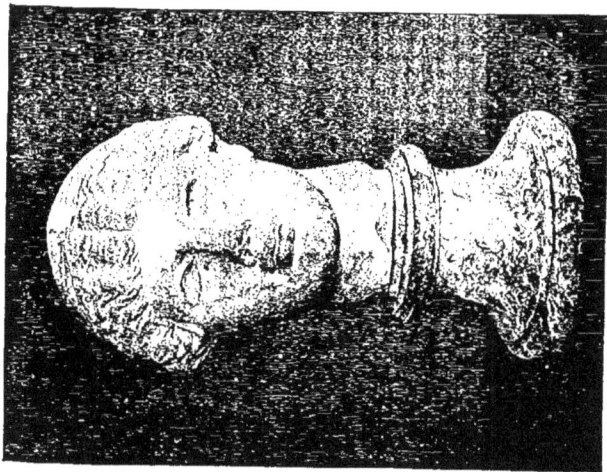

867 (p. 50). — Tête de femme grecque.

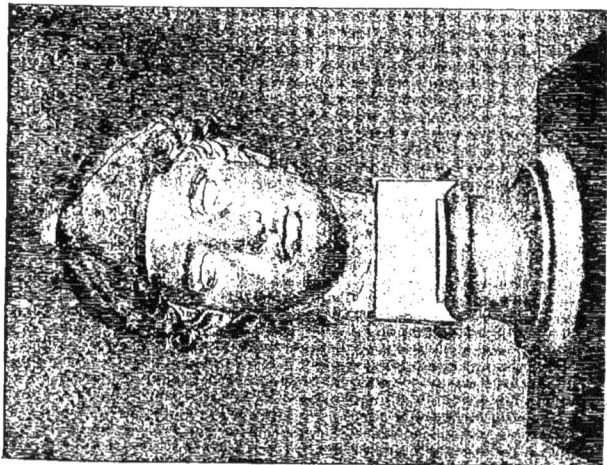

Cliché Braun et Cie.

854 (p. 51). — Orphée, Eurydice et Mercure.

Cliché Braun et Cie.

889 (p. 53). — Pugiliste, dit Pollux.

Cliché Braun et Cie.

926 (p. 53). — Femme grecque, statue funéraire.

884 (p. 54). — Apollon, dit Bonus Eventus.

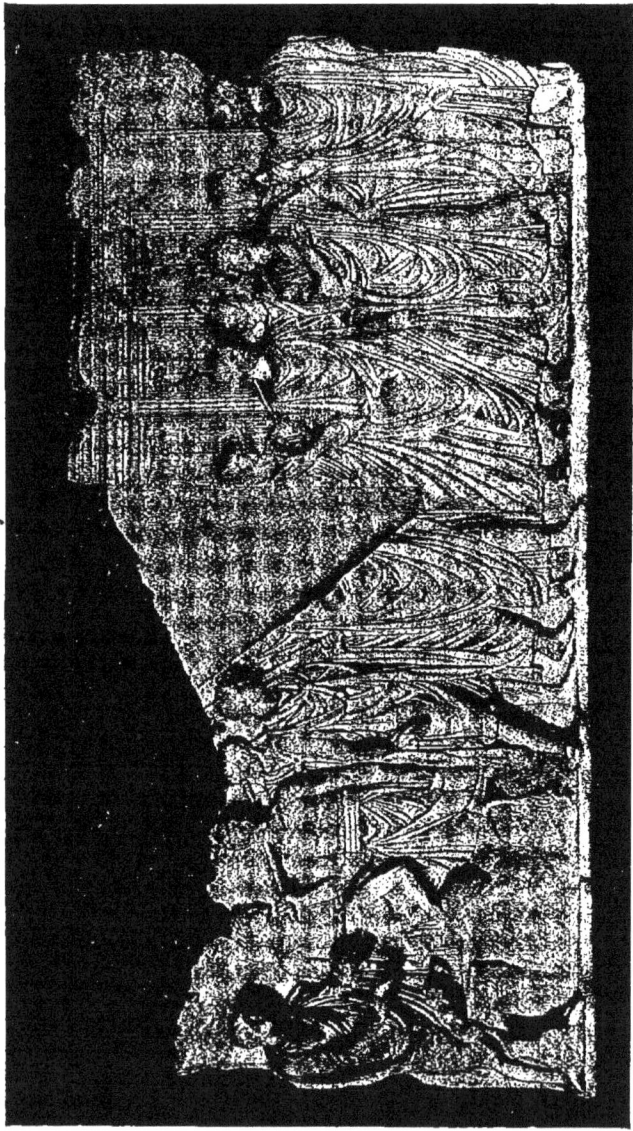

978 et 1089 (p. 55). — Cérémonie religieuse devant le temple de Jupiter Capitolin.

Cliché Braun et Cie.

1096 (p. 56). — Sacrifice des suovétaurilia.

1088 (p. 57). — Fragment de la procession de l'Ara Pacis.

1085 (p. 61). — Julia Domna.

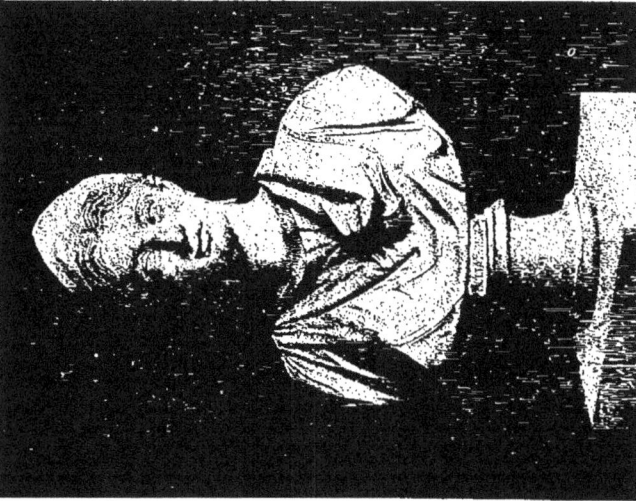

1057 (p. 61). — Julia Paula.

Cliché Braun et Cie.

1130 (p. 64). — Impératrice en Pudicité, de Bengazi.

XLVII

Clichés Braun et Cie.

1179 (p. 67). — Marc-Aurèle.

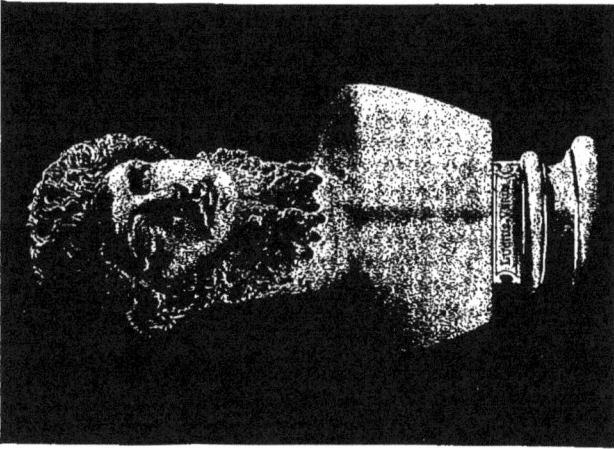

1170 (p. 67). — Lucius Verus.

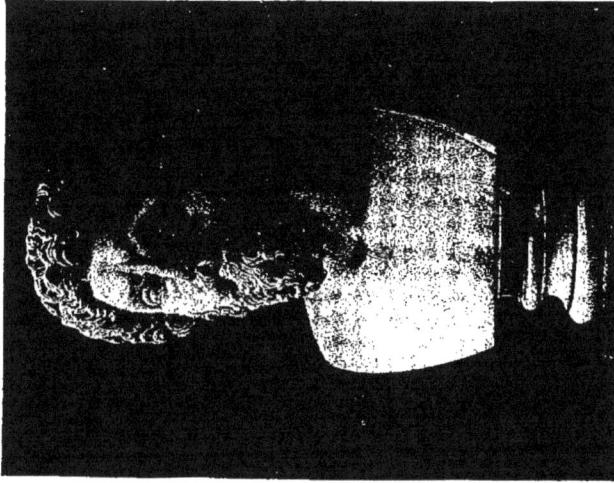

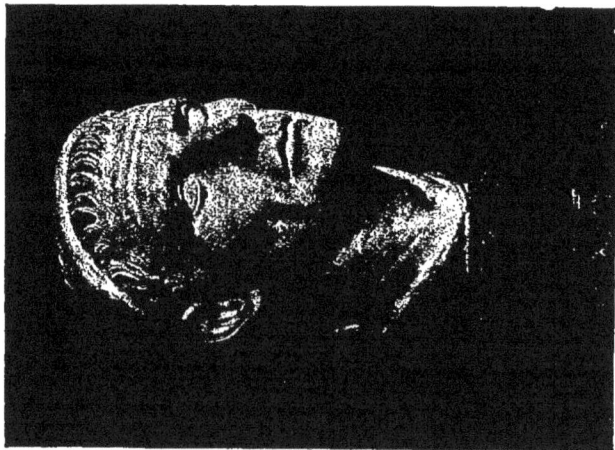

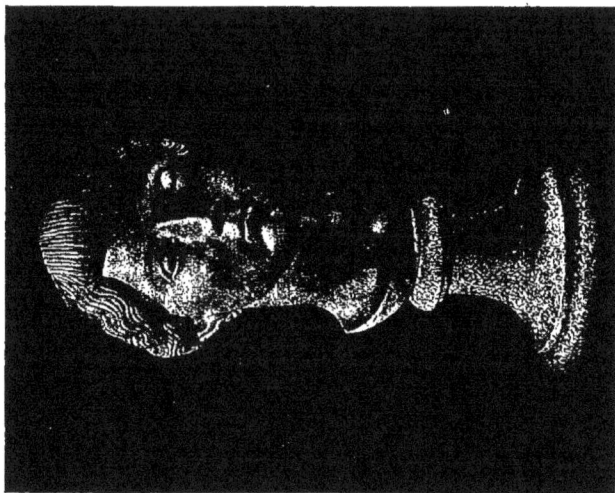

Clichés Braun et Cie.

1204 (p. 69). — Antiochus III, dit César.   1233 (p. 69). — Octavie.

Cliché Braun et Cie.

1207 (p. 69). — Orateur romain, dit Germanicus.

L

1224 (p. 70). — Messaline portant Britannicus.

1888 (p. 111). — Ptolémée, roi de Maurétanie.

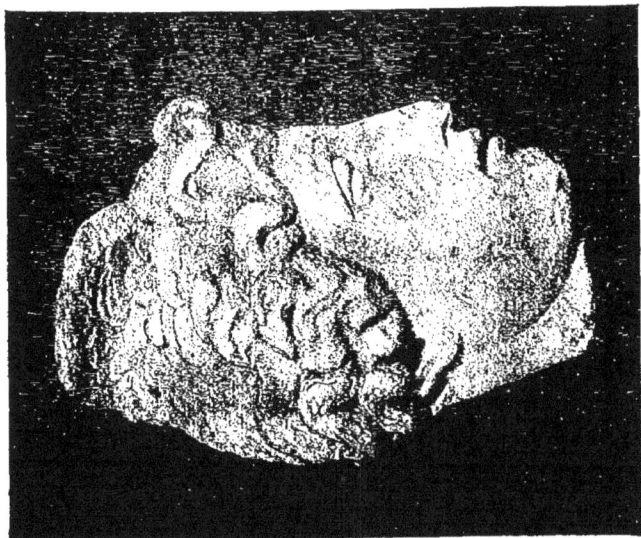

1783 (p. 91). — Tête de Méduse.

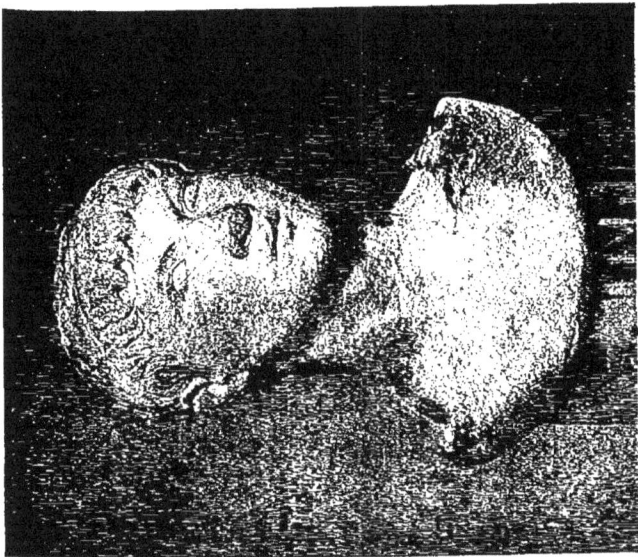

2119 (p. 113). — Sarcophage de Salonique.

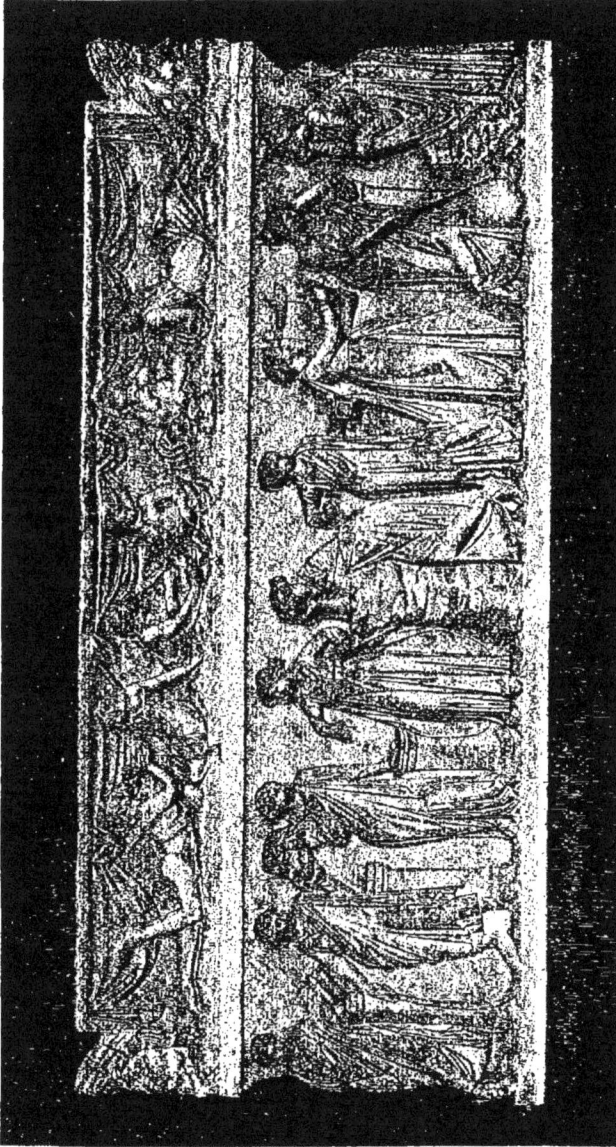

475 (p. 116). — Sarcophage des Muses.

LIV

3221 (p. 128). — Sarcophage gréco-punique de Carthage.

2369 (p. 129). — Victoire de Samothrace.

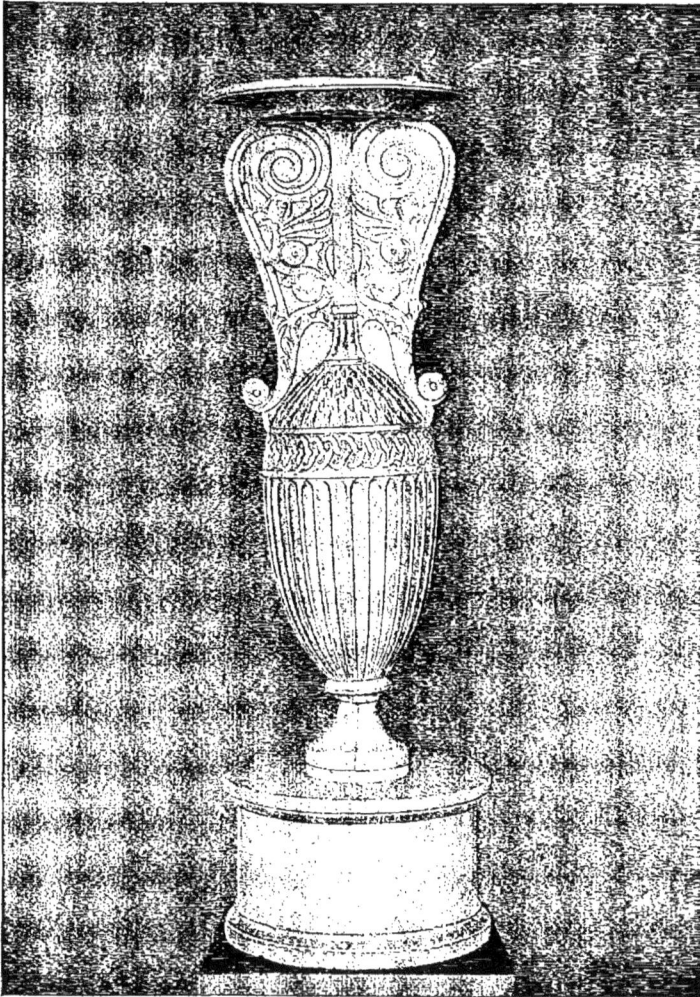

3117 (p. 131). — Loutrophore funéraire.

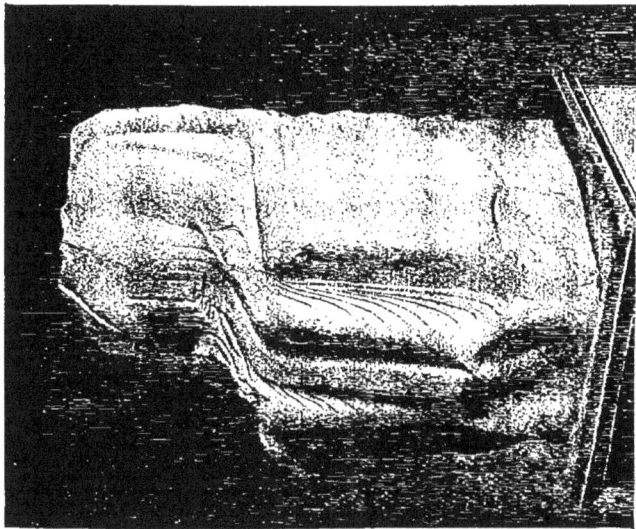

2787 (p. 151). — Femme drapée assise.
Nécropole de Milet.

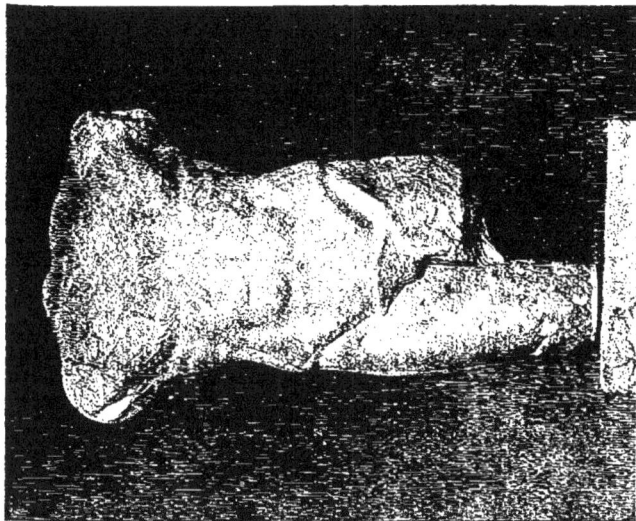

Clichés Braun et Cie.

2792 (p. 151). — Torse colossal archaïque.
Théâtre de Milet.

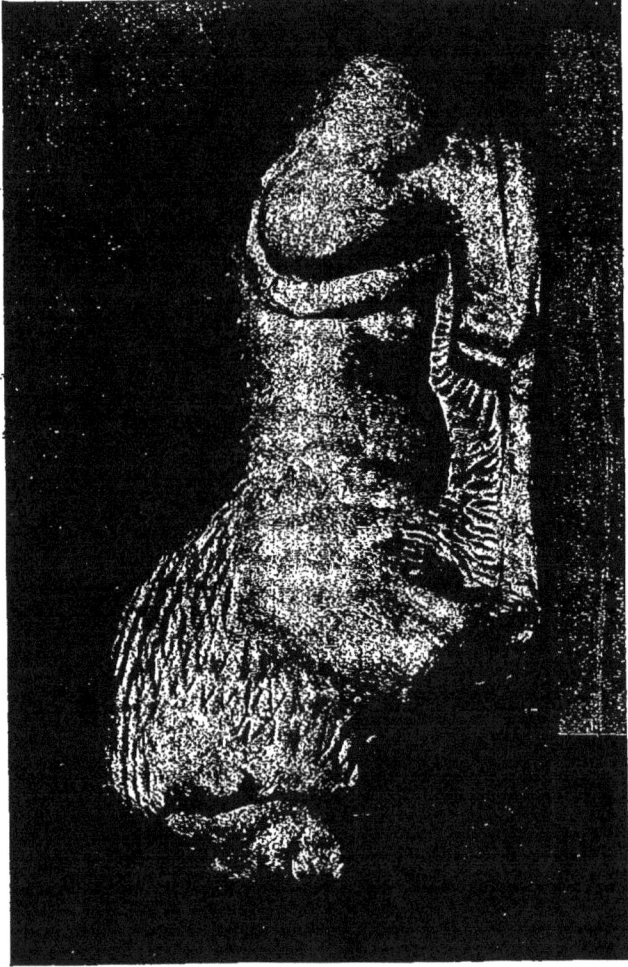

LVIII

Cliché Braun et Cie.

2790 (p. 151). — Lion colossal archaïque de la nécropole de Milet.

2828 (p. 154). — Frise du temple d'Assos. Hercule, Triton et Néréides.

Cliché Braun et Cie.

2881 (p. 163). — Frise du temple de Diane à Magnésie du Méandre.
Combat de Grecs et d'Amazones.

Cliché Braun et Cie.

2904 et 2905 (p. 163). — Autel et vase de Pergame.

3305 (p. 166). — Tête de femme voilée.

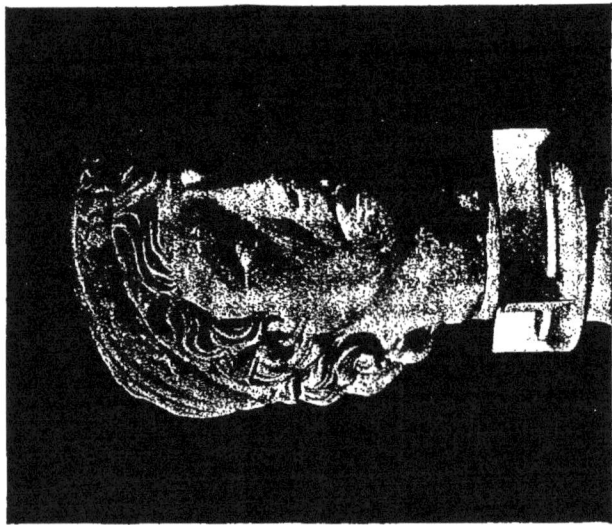

3294 (p. 164). — Tête de roi grec.

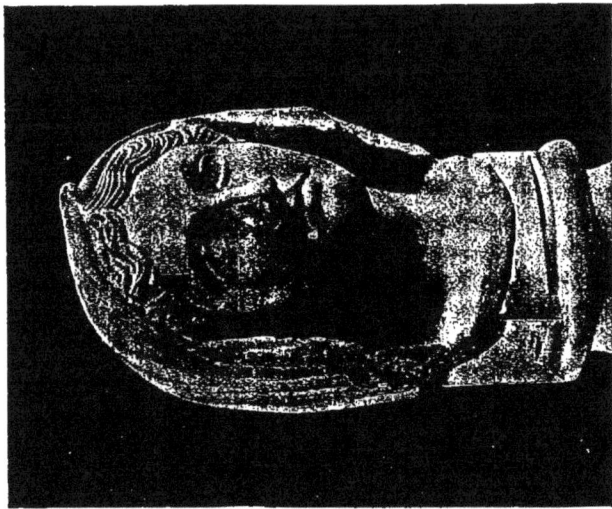

Cliché Braun et Cie.

2838 (p. 165). — Femme drapée d'Halicarnasse.

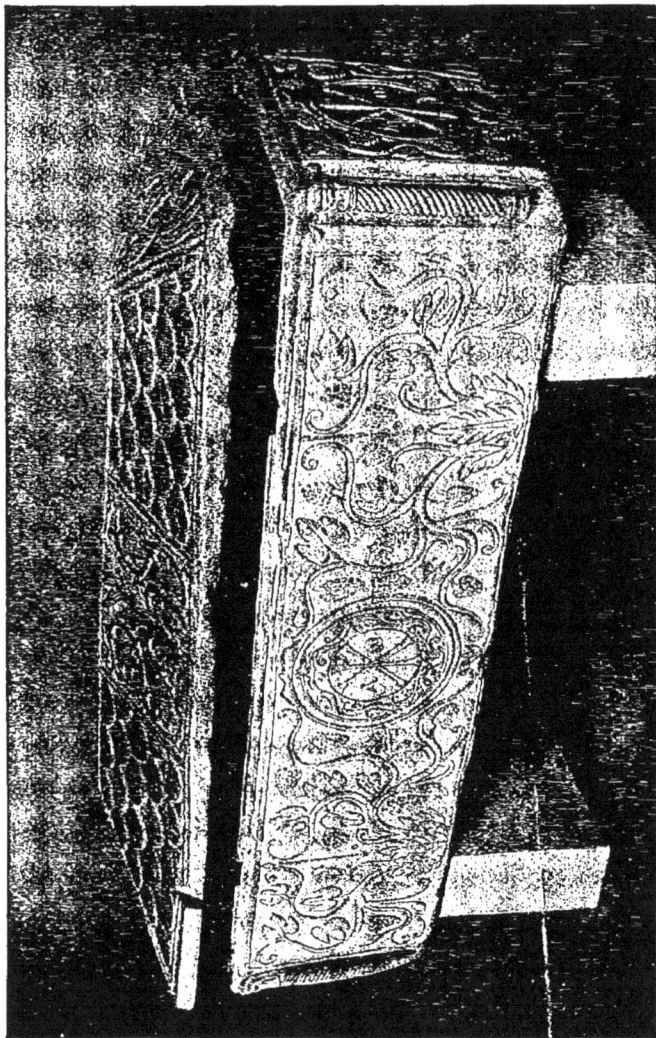

2955 et 2956 (p. 168). — Sarcophage de saint Drausin.
Couvercle du sarcophage dit de l'abbé Morard.

RIGAUD. — Vue générale du Château de Versailles

LA CHALCOGRAPHIE
DU LOUVRE

Créée par Louis XIV à la gloire de son règne, enrichie sous Louis XV et Louis XVI, la Chalcographie du Louvre dut son nom à la Révolution, et à Napoléon son essor.

Depuis lors, son fonds s'accrut régulièrement par la contribution des gouvernements successifs, et reçoit actuellement encore de l'Administration des Beaux-Arts les planches originales acquises par l'État aux maîtres de la gravure contemporaine. Ainsi, tout en restant le Conservatoire des chefs-d'œuvre gravés pendant plus de trois siècles, la Chalcographie du Louvre s'affirme comme une des galeries où se rencontrent les plus grands noms du burin et de l'eau-forte modernes.

Toutes ces œuvres sont en vente, à des conditions maintenues extrêmement accessibles dans un but de propagande artistique, soit aux Salles d'exposition et de vente de la Chalcographie, 36, Quai du Louvre, soit à l'intérieur du Musée, au comptoir spécial du Salon Denon.

Un extrait illustré du catalogue, reproduisant un choix varié de gravures est envoyé franco sur demande, accompagnée de 1.30 en timbres-poste, adressée à M. l'Agent Commercial et Technique, Direction des Musées Nationaux, Palais du Louvre, Paris (Ier).

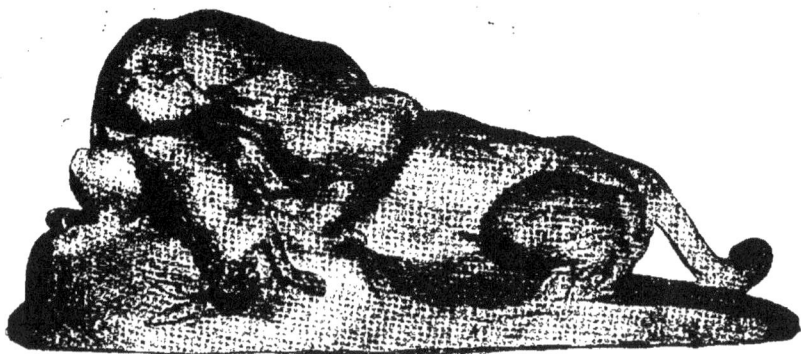

BARYE. — Jaguar dévorant un lièvre

L'ATELIER DES MOULAGES

L'Atelier des Moulages du Louvre date de l'époque Révolutionnaire, et fut utilisé, dès l'Empire, suivant la tendance alors prédominante, à mouler les chefs-d'œuvre de sculpture antique mobilisés au Louvre des quatre coins de l'Europe.

Bientôt après, la Restauration l'enrichissait de fragments de décoration du Parthénon, puis Louis-Philippe l'employait à la réalisation de la grande préoccupation artistique de son règne en y faisant exécuter les moulages de nombreuses statues destinées à l'ornementation des Galeries de Versailles.

En même temps qu'il servait les grands desseins propres à chaque époque, l'Atelier des Moulages travaillait à se constituer un fonds varié de reproductions des œuvres du Musée ; et l'on y peut ainsi trouver aujourd'hui côte à côte les épreuves de sculptures de l'Antiquité, du Moyen-Age, de la Renaissance et des Temps Modernes.

Les moulages sont vendus bruts ou dans la patine de l'original à la salle d'Exposition et de Vente des Moulages, 34, Quai du Louvre.

Les catalogues sont envoyés franco sur demande, accompagnée de 0.75 en timbres-Postes, adressée à M. l'Agent Commercial et Technique, Direction des Musées Nationaux, Palais du Louvre, Paris (Ier).

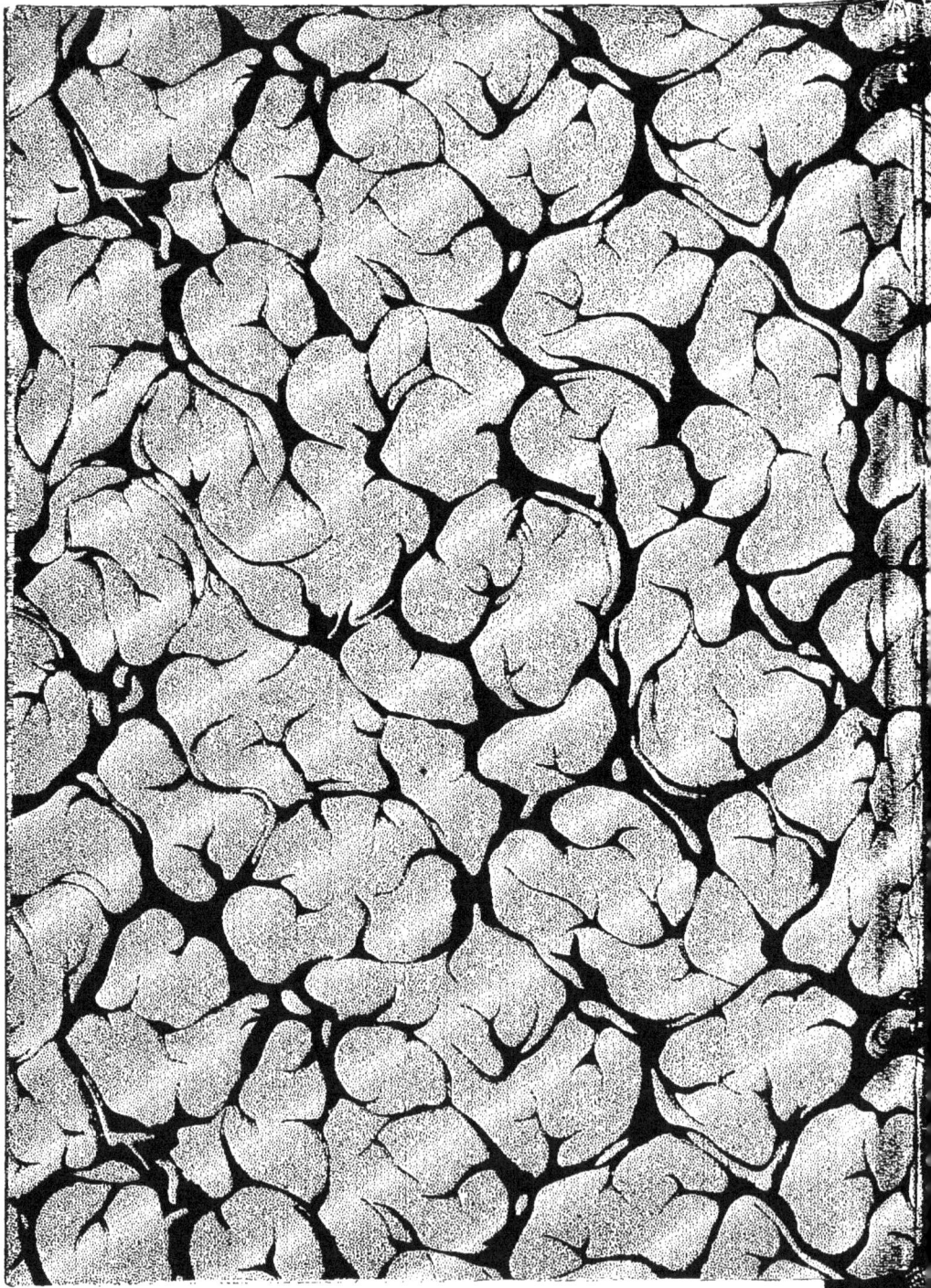

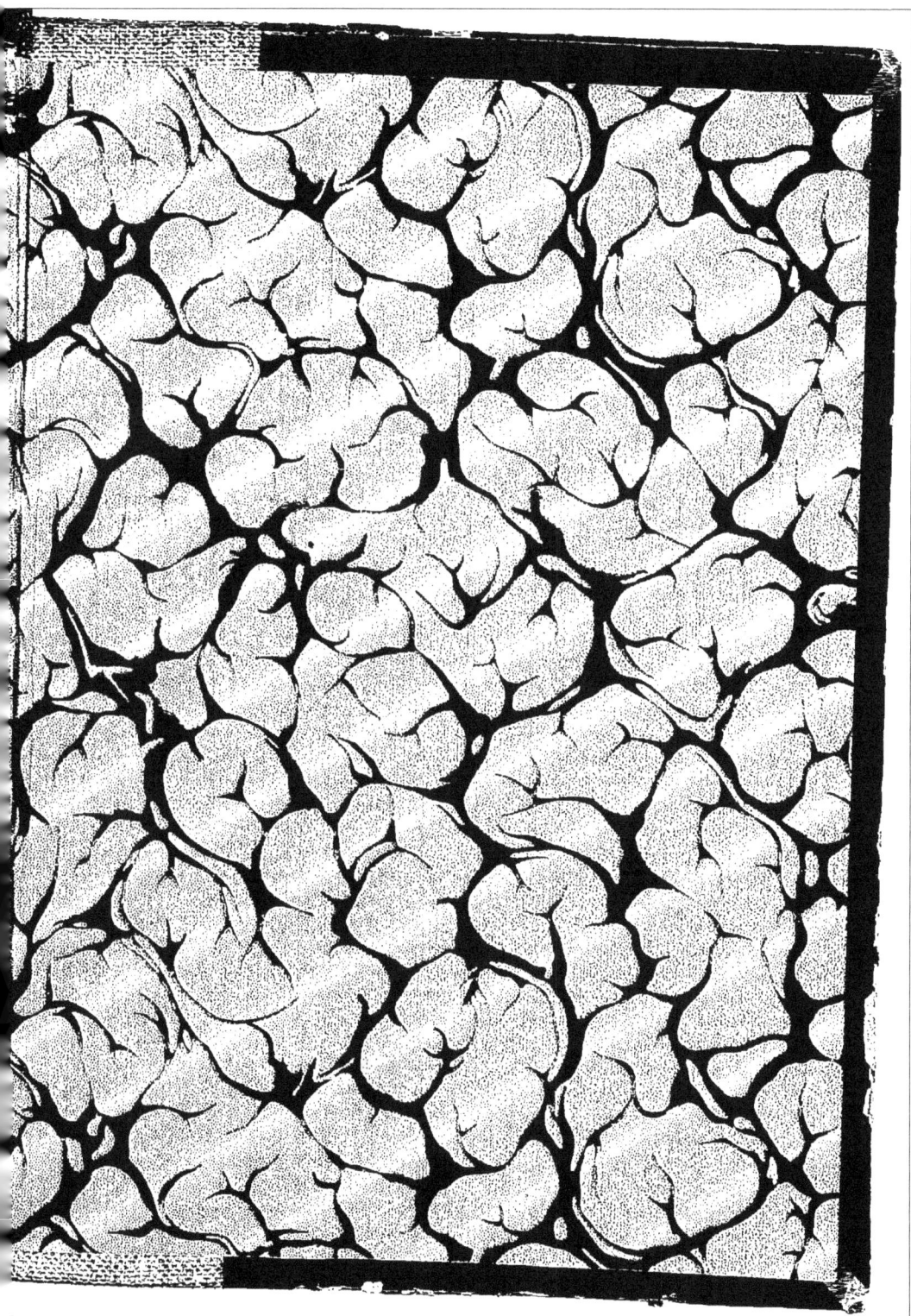

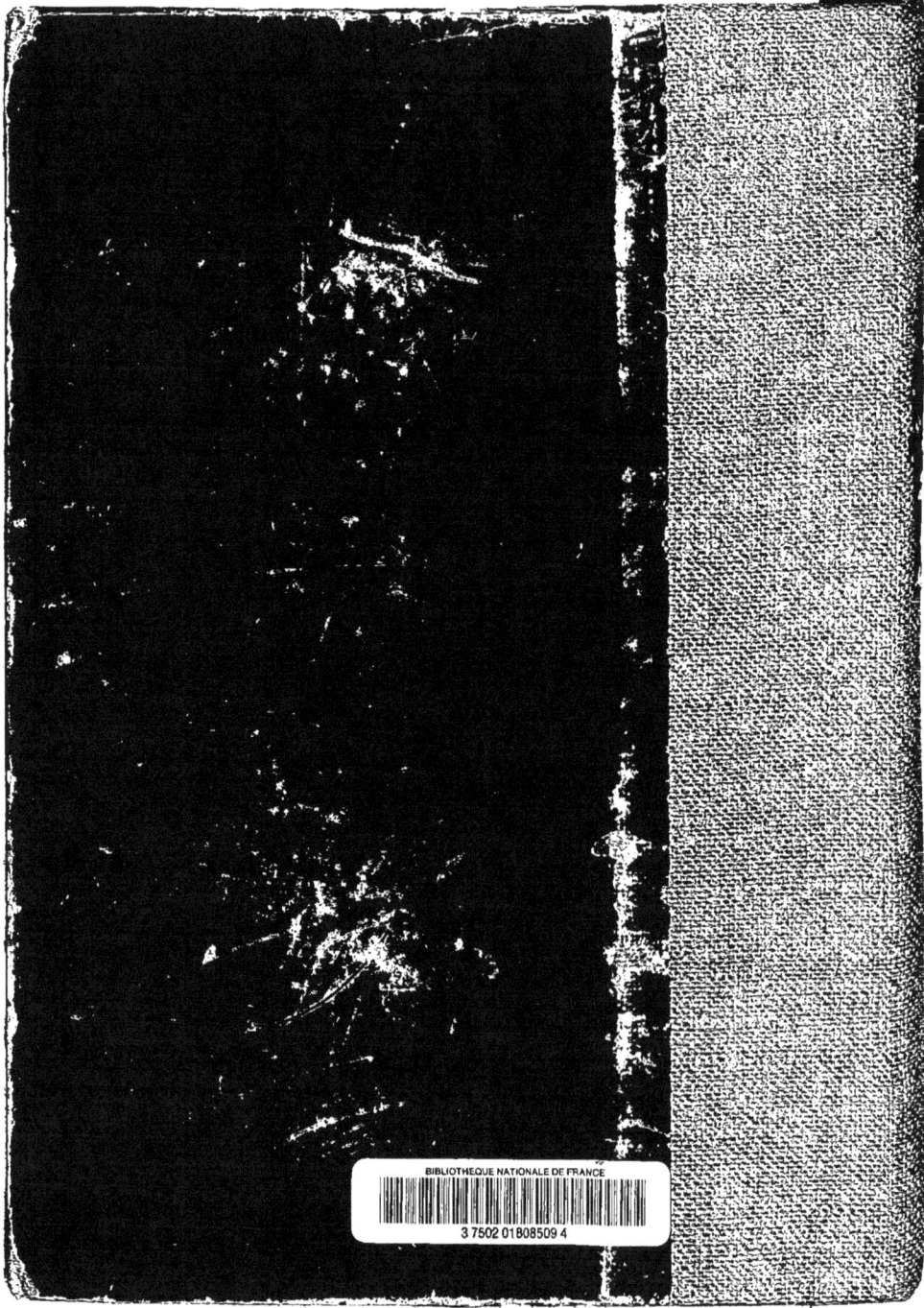